就业技能培训新模式教材

"十四五"职业培训规划教材
人力资源社会保障部教材工作委员会

中式面点制作

U0248021

主　编：宋　旭　姜　钰

编　者：罗　媛　吕伟琳　米国红　吕　纯　魏永荣　赵　洋

审　稿：刘雪峰

中国劳动社会保障出版社

图书在版编目（CIP）数据

中式面点制作 / 宋旭，姜钰主编. -- 北京：中国劳动社会保障出版社，2024

就业技能培训新模式教材

ISBN 978-7-5167-6248-6

Ⅰ.①中… Ⅱ.①宋… ②姜… Ⅲ.①面食-制作-中国-职业培训-教材 Ⅳ.①TS972.116

中国国家版本馆 CIP 数据核字（2023）第 255063 号

中国劳动社会保障出版社出版发行

（北京市惠新东街 1 号 邮政编码：100029）

*

河北品睿印刷有限公司印刷装订 新华书店经销

880 毫米 × 1230 毫米 32 开本 6.75 印张 159 千字
2024 年 9 月第 1 版 2024 年 9 月第 1 次印刷
定价：21.00 元

营销中心电话：400-606-6496
出版社网址：http://www.class.com.cn

Preface 前 言

　　为深入实施人才强国战略、就业优先战略，健全完善终身职业技能培训体系，探索"互联网＋职业技能培训"新形态，不断加强职业培训教材与数字资源供给，有效提高培训质量，满足开展就业技能培训需要，特别是开展线上线下混合模式职业技能培训的需要，中国劳动社会保障出版社组织编写了就业技能培训新模式教材。在教材的组织编写过程中，以就业技能需求为依据，贯彻"以就业为导向，以技能为核心"的理念，并力求使教材具有以下特点：

　　精。教材内容以就业必备技能为主线，按照说明书的方式编写，精选就业岗位操作必备的知识和技能，满足就业技能培训的需要，让学员在短期内掌握岗位所需技能，顺利上岗。

　　融。教材以纸数融合为特色，将数字化资源与教学内容有机融合，学员不仅可以按照教材内容一步步掌握知识和技能，还可以通过扫描二维码反复观看操作技能实例视频等数字资源，便于直观学习理解，逐步提高技能水平。

　　易。对教材内容的呈现形式进行了精心设计，采用图表、色彩等多元化的呈现形式，同时还设置了"注意事项""小贴士"等多个小栏目，以使内容更加丰富且易于理解。

就业技能培训新模式教材的编写是一项探索性工作，由于时间紧迫，不足之处在所难免，欢迎各使用单位及个人对教材提出宝贵意见和建议，以便教材修订时补充更正。

Contents 目 录

模块 一

餐饮行业职业守则

职业守则是从业人员在生产经营活动中恪守的行为规范。餐饮行业职业守则包括：忠于职守，爱岗敬业；讲究质量，注重信誉；遵纪守法，讲究公德；尊师爱徒，团结协作；精益求精，追求极致；积极进取，开拓创新。具体内容如下。

一、忠于职守，爱岗敬业

忠于职守，就是要把自己职责范围内的事情做好，合乎质量标准和规范要求，能完成应承担的任务。爱岗就是热爱自己的工作岗位，热爱本职工作；敬业就是用一种恭敬严肃的态度对待自己的工作。

二、讲究质量，注重信誉

质量即产品标准，讲究质量就是要求餐饮业从业人员在生产加工产品的过程中必须做到一丝不苟、精雕细琢、精益求精，避免一切可以避免的问题。信誉即信用和名誉。注重信誉可以理解为以品牌创声誉，以质量求信誉，竭尽全力打造品牌，赢得信誉。

三、遵纪守法，讲究公德

遵纪守法是指每个从业人员都要遵守纪律和法律，尤其要遵守职业纪律和与职业活动相关的法律法规。公德即公共道德，广义上可以理解为做人的行为准则和行为规范。

四、尊师爱徒，团结协作

尊师爱徒是指晚辈、徒弟要谦逊，尊敬长者和师傅，师傅要指导、关爱晚辈、徒弟，即人与人之间平等友爱、相互尊敬。团结协作是从业人员之间和企业集体之间关系的重要道德规范，是指顾全大局、友爱亲善、真诚相待、平等尊重，部门之间、同事之间相互支持、合作，共同发展。

五、精益求精，追求极致

精益求精和追求极致是指为了追求完美，坚持工匠精神，在工作中不放松对自己的要求。时刻保持一股钻劲，精益求精，以更饱满的精神状态、更踏实的工作作风、更精细的工作态度做好每一项工作，"干一行爱一行、专一行精一行"，在工作中永远追求完美无缺。

六、积极进取，开拓创新

积极进取即不懈不怠，追求发展，争取进步。开拓创新是指人们为了发展的需要，运用已知的信息，不断突破常规，发现或创造某种新颖的、独特的、有社会价值或个人价值的新事物、新思想的活动。

模块 二

饮食营养基础知识

学习单元一　人体需要的营养素

营养素是指能够为机体提供能量，并作为机体的组成成分进行组织修复和调节生理功能的一类物质。它是维持人体生命活动和基础代谢的基本要素。人体需要的营养素主要包括宏量营养素（蛋白质、脂类和碳水化合物）、微量营养素（维生素和矿物质）和其他成分（水、膳食纤维等）。

一、蛋白质

蛋白质是一类高分子有机化合物。它是生命的物质基础，是人体细胞的重要组成成分，是人体组织更新和修复的主要原料。

1. 生理功能

（1）构成和修复人体组织

人体的神经、肌肉、皮肤、红细胞等均由蛋白质构成，骨骼和牙齿中含有大量的胶原蛋白，指甲中含有角蛋白。这些蛋白质每天都在不断地被消耗，所以无论是婴幼儿、青少年还是成年人都要不断补充新的蛋白质。

（2）调节生理功能

具有特异催化功能的各种酶大部分是蛋白质。人体新陈代谢的各种化学反应离不开酶的催化作用，每一种酶都有自己独特的功能，如唾液淀粉酶将淀粉转化成麦芽糖，脂肪酶将脂肪转变为甘油与脂肪酸。激素是机体内分泌细胞合成的一类化学物质，主要成分也是蛋白质，对人体的生长、发育和适应内外环境的变化起到重要的调节作用，如胰岛素可调节血糖。

（3）运输功能

蛋白质承担着部分机体内的转运任务。氧气能将人体内的有机物氧化为二氧化碳和水，同时释放出能量来维持生命和各种生理活动；从外界摄取氧并且将其输送到全身各组织细胞，由血液中红细胞内的血红蛋白完成。

（4）参与免疫反应

当病原体（如细菌、病毒等）侵入机体时，机体内的免疫细胞会产生一类称为抗体的特殊蛋白质以对抗病原体。如果人体内蛋白质供给不足，则可能影响抗体的产生，使人容易患流行性感冒等疾病。

（5）供给能量

当人们摄入的碳水化合物和脂肪所提供的能量不能满足人体需要，或者蛋白质的摄入量超过机体蛋白质更新的需求量时，部分蛋白质可氧化提供能量。

2. 食物来源

蛋白质的食物来源可分为动物性蛋白质和植物性蛋白质两大类。动物性蛋白质是膳食蛋白质的主要来源。各种动物肉、蛋、鱼、虾、奶等不仅蛋白质含量丰富，而且所含必需氨基酸种类齐全、比例合适，属于完全蛋白质。植物性食物中豆类含有丰富的蛋白质，特别是大豆及其制品，蛋白质含量高，必需氨基酸组成比较合理，在人体内的吸收利用率较高，也属于蛋白质的优质来源。

三、脂类

脂类是脂肪和类脂的总称，是具有重要生物学作用的一类化合物，其主要特点是溶于有机溶剂而不溶于水。

1. 生理功能

（1）储存和供给能量

人体每日所需总能量的 20% ~ 30% 由脂肪提供。从食物中摄取的脂肪一部分储存在体内，当人体的能量消耗多于摄入时，就动用储存的脂肪来补充能量。

（2）构成机体组织

脂类是构成人体细胞的重要成分。如磷脂是构成细胞膜、神经细胞的主要成分。

（3）维持体温，保护脏器

脂肪导热性能差，不易传热，故分布在皮下的脂肪可减少体内热量的过度散失并防止外界辐射热侵入，对维持人的体温起着重要作用。分布在内脏周围的脂肪组织可对内脏起到缓冲撞击和震动的保护作用。

（4）促进脂溶性维生素的吸收

膳食中的脂肪是脂溶性维生素的良好溶剂，可促进其吸收，当膳食中缺乏脂肪或发生吸收障碍时，体内脂溶性维生素就会相应减少。

（5）供给必需脂肪酸

必需脂肪酸多以脂肪形式存在于食物中，必需脂肪酸缺乏时会发生皮肤病、产妇乳汁减少等现象。

2.食物来源

植物性食物来源主要有花生、大豆、芝麻、菜籽和其他果仁以及麦胚、米糠等；动物性食物来源主要有猪脂、牛脂、羊脂、鱼油、乳脂等。

三、碳水化合物

1.生理功能

（1）供给能量

碳水化合物是机体重要的能量来源，我国居民从膳食中摄取的总热量，一半以上由碳水化合物提供。

（2）构成人体组织的重要生命物质

碳水化合物是构成人体组织的重要生命物质，并参与细胞组成和多种活动。每个细胞中都含有碳水化合物，其含量为 2% ～ 10%，主要以糖脂、糖蛋白和蛋白多糖的形式存在。

（3）对蛋白质的节约作用

人体摄入蛋白质的同时摄入碳水化合物，可以节约蛋白质单纯分解供应能量，促进蛋白质在体内的消化、吸收、转运及合成。当碳水化合物提供的能量不能满足需要时，人体将分解蛋白质和脂肪以产生能量。

（4）抗生酮作用

碳水化合物摄取不足时，人体所需能量将大部分由脂肪提供。而脂肪氧化不完全时，则会产生酮类物质，从而发生酮中毒，所以碳水化合物具有辅助脂肪氧化的抗生酮作用。

（5）保护肝脏和解毒作用

碳水化合物是人体内一种重要的解毒剂，在肝脏中能与许多有害物质如细菌毒素、酒精、砷等结合，以消除、降低这些物质的毒性或生物活性，从而起到解毒作用。

（6）增强胃肠道功能

研究表明，一些不能被人体消化吸收的碳水化合物在结肠发酵时，可促进某些益生菌的增殖，如乳酸杆菌、双歧杆菌等。这些益生菌可合成消化酶，促进营养物质的吸收；可作为抗原直接发挥免疫激活作用，提高人体免疫力；还可维持肠道菌群结构的平衡。

2. 食物来源

碳水化合物主要来自植物性食物，如大米、小麦、玉米等谷类和薯类，这些食物含有丰富的淀粉，是人体所需能量最主要的来源。

四、维生素

维生素是指维持人体细胞生长和正常代谢所必需的一类小分子有机化合物。

1. 主要特点

（1）维生素天然存在于食物中，存在形式有维生素或可被人体利用的维生素前体。

（2）维生素各自担负着不同的特殊生理代谢功能，但都不提供热能，也不参与构成人体组织。

（3）维生素不能由人体合成或合成量太少，必须每天从食物中摄取。人体长期缺乏某种维生素时会出现相应的缺乏症，但维生素摄入过量也会引发中毒等症状。

2. 分类

维生素的种类很多，化学性质与结构的差异性也很大。一般按溶解性可以将维生素分为脂溶性维生素和水溶性维生素两大类。

（1）脂溶性维生素

脂溶性维生素包括维生素 A、维生素 D、维生素 E、维生素 K，其溶于脂肪及有机溶剂，在食物中常与脂肪共存。其可在肝脏等器官中储存，如摄取过多可引起中毒。

（2）水溶性维生素

水溶性维生素包括 B 族维生素（B_1、B_2、B_6、B_{12}、叶酸、泛酸、生物素等）和维生素 C。水溶性维生素能溶于水，但在体内不能储存，其代谢产物较易从尿中排出。

3. 主要维生素的食物来源（表 2-1）

表 2-1　主要维生素的食物来源

名称	说明
维生素 A	◎ 维生素 A 主要有来自动物性食物的维生素 A_1 和维生素 A_2，以及植物性食物的胡萝卜素和类胡萝卜素。维生素 A 存在于动物性食物中，以动物内脏、黄油、牛奶及蛋类中含量最为丰富。胡萝卜素存在于植物性食物中，如绿色蔬菜，黄色、橙色、红色果蔬等

名称	说明
维生素 D	◇ 植物性食品中几乎不含维生素 D，其主要存在于鱼肝油、黄油、动物内脏、禽蛋及脂肪含量高的海鱼等食物中，奶类中也含有少量的维生素 D
维生素 E	◇ 维生素 E 含量丰富的食物主要有各种油料种子、某些谷物和各种坚果类食物（如核桃、葵花子、松子等）
维生素 B_1	◇ 维生素 B_1 广泛存在于天然食物中，含量较为丰富的有动物内脏、猪瘦肉、未经精制加工的谷物等
维生素 B_2	◇ 维生素 B_2 广泛存在于动植物食物中，动物性食物含量高于植物性食物，尤以动物内脏、蛋类、乳类及其制品含量最为丰富。植物性食物中，豆类和绿色蔬菜中维生素 B_2 含量较高
烟酸	◇ 烟酸及其衍生物广泛存在于动植物食物中，含量较高的有动物内脏、瘦肉、鱼类、坚果、豆类和谷物等
维生素 B_{12}	◇ 维生素 B_{12} 的主要食物来源为动物性食物，如动物内脏、肉类、乳类及其制品、蛋类等。植物性食物中只有大豆发酵制品中含有少量维生素 B_{12}
维生素 C	◇ 维生素 C 主要存在于植物性食物中，尤其是新鲜的蔬菜和水果。豆类发芽后也会产生一定量的维生素 C

五、矿物质

人体内的各种元素，除了碳、氢、氧、氮以有机化合物的形式存在外，其他各种元素统称为矿物质或无机盐。

1. 生理功能

（1）矿物质是身体组织的重要组成部分，如钙、磷、镁是骨骼、牙齿的重要成分，铁是血红蛋白的主要成分，碘是甲状腺激素的重要成分，磷是磷脂的重要成分。

（2）矿物质（如钾、钠、钙、镁离子）能调节多种生理功能，如维持组织细胞的渗透压，调节体液的酸碱平衡，维持神经肌肉的兴奋性等。矿物质又是体内活性成分如酶、激素、抗体等的组成成分或激活剂。

2.代谢与平衡

由于人体的新陈代谢，每天都有一定数量的矿物质通过各种途径排出体外，而矿物质在体内不能合成，因而必须通过膳食予以补充。矿物质广泛存在于动植物性食物中，故一般不易缺乏，但在特殊生理条件下或膳食调配不当，抑或生活环境特殊等原因，也会造成缺乏。我国人民膳食中比较容易缺乏的矿物质主要有钙、铁、碘等。

3.主要矿物质的食物来源（表2-2）

表2-2　主要矿物质的食物来源

名称	说明
钙	◎ 乳类及其制品含钙丰富且吸收率高，是优质的食物来源。绿色蔬菜和豆类也含有丰富的钙质，如甘蓝、青菜、大白菜、小白菜及豆制品等。此外，螃蟹、蛋类、核桃、红果、海带、紫菜等都含有丰富的钙
铁	◎ 动物内脏、肉类均为铁的良好来源。植物性食物中铁的吸收利用率不高
碘	◎ 海产品含碘量丰富，如海带、紫菜、海鱼、干贝、淡菜、海参、海蜇、龙虾等
锌	◎ 贝壳类海产品如牡蛎、扇贝等是锌的主要食物来源，肉类、动物内脏、鱼类、蛋类等也含有丰富的锌，蔬菜、水果中锌的含量较少
硒	◎ 动物内脏、肉类及海产品是硒的良好来源

六、水

人体对水的需要仅次于氧气，因为水是人体重要的组成部分，也是人体内含量最多的一种化合物。水在人体内的含量因年龄、性别而有所差异。新生儿体内水占总体重的 75% ～ 80%，成年男性约占 60%，成年女性约占 50%。

1. 生理功能

（1）构成人体组织的重要成分

成年人体重的 2/3 是由水组成的，血液、淋巴的含水量高达 90% 以上，肌肉、神经、内脏、细胞、结缔组织等的含水量为 60% ～ 80%。

（2）良好的溶剂

水作为营养素的溶剂，有利于营养素的消化、吸收和利用。水作为代谢物的溶剂，有利于将其及时排出体外。

（3）调节体温、润滑人体

水能够吸收较多的热量而本身温度升高不多，因此可通过出汗来调节体温的恒定。关节腔内的关节液在关节活动时起润滑作用而减少摩擦，唾液有助于食物的吞咽等。

2. 代谢与平衡

人体在正常情况下，经皮肤、呼吸道以及尿、粪等将一定量的水排出体外，因此应当及时补充水分，使排出的水和摄入的水保持基本相等，即"水平衡"。影响人体需水量的因素很多，如年龄、体重、气温、劳动强度及其持续时间等都会使人体需水量产生差异。

建议成年人每天喝 7 ～ 8 杯水（1 500 ～ 1 700 mL）。当感到口渴时，需及时补充水分，维持体内代谢的正常进行。人体中水的来源主要包括代谢水（三大营养素代谢中产生的水）、食物水（食物中含有的水）和饮用水（茶、汤、各种饮料等）。代谢水及食物水的变动较小，人体的含水量一般通过饮用水来进行调节，饮用水以饮用到无口渴感为适量。

七、膳食纤维

膳食纤维是指不能被消化酶消化，且不能被人体吸收利用的一类多糖。

1. 分类

膳食纤维按其溶解性分为可溶性膳食纤维和不溶性膳食纤维两类。前者主要是指存在于细胞壁的纤维素、半纤维素和木质素，后者是指存在于细胞间质的果胶、树胶、豆胶、藻胶等。

2. 生理功能

（1）促进胃肠道蠕动，防止便秘

膳食纤维有很强的吸水能力（或与水结合的能力），可使大肠内容物增加，刺激胃肠道的蠕动，缩短代谢产物、废物在大肠中停留的时间，起到通便、防癌的作用。

（2）降低血脂

膳食纤维中的果胶、木质素与胆酸、胆固醇结合，能减少胆固醇的重吸收，促进肠道中胆固醇的排出，从而降低血浆中胆固醇的浓度，预防动脉粥样硬化的发生。

（3）预防肥胖

膳食纤维可增加食物的体积，使人体产生饱腹感，从而减少食物的摄入量。

3. 食物来源

膳食纤维主要来自植物性食物，谷类、薯类、豆类、蔬菜和水果中都含有丰富的膳食纤维。

学习单元二　主要营养素在烹饪中的变化

在烹饪过程中，食物会发生一系列物理变化和化学变化，食物中所蕴含的营养素也会发生相应的变化。

一、蛋白质在烹饪中的变化

1. 蛋白质变性

蛋白质具有变性作用，会因环境改变而丧失原有的生物功能。烹饪中最常见的是热变性，表现为蛋白质的凝固、脱水及动物胶的生成等，例如，鸡蛋由生变熟的过程。烹饪过程中随着蛋白质的凝固，亲水胶体体系受到破坏而失去保水能力，发生脱水现象使食物原料的总质量减少。如果持续高温加热，就会使原料过度脱水，影响菜肴的品质和口感。蛋白质发生变性后的凝固过程及颜色变化是判断蛋白质是否成熟的重要标志。

2. 胶体性质

蛋白质具有溶胶性质和凝胶作用，溶胶性质能使蛋白质在水中形成均匀的溶液，如豆浆的形成；凝胶作用主要体现为烹饪中许多蛋白质以凝胶状态存在，具有一定的弹性、韧性和可加工性，如豆浆点卤（氯化镁）或石膏（硫酸钙）后形成豆腐脑，再挤压去除水分形成豆腐。

3. 蛋白质的水解

蛋白质在持续加热时常常会出现水解现象，如在制作鸡汤、鱼汤、肉汤等过程中部分蛋白质就会水解为蛋白胨、氨基酸等含氮浸出物，形成鲜美的滋味。

4. 蛋白质高温分解

高温下蛋白质分解变性后会产生香气物质，这是油炸食品香味浓郁的主要原因。但过度加热时，蛋白质也会产生有害物质甚至致癌物，所以应尽量少食用油炸食品。

二、脂类在烹饪中的变化

1. 油脂在高温加热中的变化

高温加热会使油脂出现黏稠度增加、色泽变暗等现象。油脂中富含的脂溶性维生素被大量破坏，还会产生大量挥发性的产物，如油烟中的刺激性物质对身体健康不利。

2. 乳化作用

磷脂是良好的乳化剂，如许多烹饪原料中富含的卵磷脂。卵磷脂分子一端具有亲水性，另一端具有亲油性，它能使原本互不相溶的油和水形成均匀而稳定的乳状液体，具有乳化作用。烹饪中常见的用法有制作沙拉酱及调制奶汤等。

三、碳水化合物在烹饪中的变化

1. 淀粉糊化

淀粉与水一同加热到 60 ℃左右时，会在水中溶胀分裂形成均匀糊状溶液，该作用称为淀粉的糊化。烹饪中常见的用法有勾芡。

2. 淀粉老化

淀粉溶液经缓慢冷却或淀粉凝胶经长期放置，会变得不透明甚至产生沉淀，该现象称为淀粉的老化现象。烹饪中，粥静置一段时间后出现米、汤分离，上浆、勾芡菜肴久置后出现脱浆、脱芡的现象都是由于淀粉老化。

3. 焦糖化反应

糖类在加热到熔点以上的温度时，会发生脱水与降解，并产生褐变反应，这种现象称为焦糖化反应。烹饪中常用的炒糖色、走红等就是利用了糖的焦糖化反应。

四、维生素在烹饪中的变化

烹饪加工中，损失最大的是维生素，其中水溶性维生素较脂溶性维生素更容易损失。维生素的实际损失量与烹调时用水量的多少、原料表面积的大小、烹调时间长短、烹调温度高低等均相关。

五、矿物质在烹饪中的变化

矿物质元素及其化合物大多可溶于水，食材在清洗及加工过程中常需与水接触，矿物质会经过渗透和扩散作用进入水中，造成矿物质流失。使用铁锅烹调时，锅身会有不同程度的铁离子溶出，少量的铁离子溶出能够增加菜肴中铁的含量。

学习单元三　平衡膳食

　　平衡膳食也称合理膳食或健康膳食，是指全面达到供给量标准的膳食，要求由多种食物构成，能够提供足够数量的能量和各种营养素，并且保持各种营养素之间的平衡，以利于营养素的吸收和利用，满足机体生长发育和各种生理活动的需要。

　　平衡膳食不仅表现在能量和各种营养素必须满足机体的需求，还表现在能量和各营养素之间要保持合理的比例，主要包括以下两个方面的要求。

一、满足机体营养需要

1. 食物原料选择多样化

　　目前自然界除了母乳能满足 4 ～ 6 个月龄以下的婴儿对营养的全部需求外，还没有一种食物能满足人体对所有营养素的需要。任何一种食物都具有其自身的营养特点。如肉类含有丰富的优质蛋白质和饱和脂肪酸，但缺乏碳水化合物和维生素 C。所以进行食物选择时，为满足人体的各种营养素需要，最基本的要求是食物原料的选择应多样化。

2.营养素比例合理

平衡膳食要求营养素之间在功能和数量上保持平衡，如三种产能营养素的平衡，维生素与产能营养素之间的平衡，饱和脂肪酸与不饱和脂肪酸之间的平衡等。

二、合理的膳食制度

合理的膳食制度是指合理地安排每日的餐次及间隔、每餐的数量与质量，使进餐与日常生活制度和生理状况相适应，并使进餐和消化过程协调一致，使膳食中的营养素得到充分的消化、吸收和利用，以提高工作效率和学习效率的制度。

1.餐次及间隔

按照我国居民的生活习惯，正常情况下执行一日三餐制。两餐间隔要适宜，一般混合食物在胃内停留时间为 4 ～ 5 h，所以两餐间隔以 4 ～ 6 h 为宜。

2.能量分配

每餐能量的分配也要适应劳动需要和生理状况。比较合理的分配是：早餐占全天总能量的 25% ～ 30%，午餐占全天总能量的 40%，晚餐占全天总能量的 30% ～ 35%。考虑到早餐要满足上午工作、学习的需要，又因为早上起床食欲较差，因此建议选择体积小、能量高的食物。午餐既要补充上午的能量消耗，又要满足下午工作、学习的需要，所以占全天总能量比例应最多，并应多吃一些富含蛋白质、脂肪的食物。而夜间活动少，能量消耗不大，因此晚餐能量应稍低，以清淡为主。

3. 保证营养，增进食欲

要合理编制食谱并正确烹饪加工，减少营养素的损失，使食物的色、香、味、形多样化，增进用餐者的食欲。

4. 保持清洁卫生，防止食物污染

烹饪从业人员须具备食品卫生和烹饪的基础知识，使烹调过程各个环节都能达到要求。

模块 三

食品卫生与安全

学习单元一 食品卫生知识

一、烹饪原料卫生

烹饪原料是指通过烹饪加工可以制作主食、菜肴、面点、小吃等各种食物的可食性原材料，如粮食、蔬菜、果品等。

对烹饪原料的卫生要求主要有以下几点：

（1）烹饪原料的采购应符合国家相关法规和卫生标准的要求，并应该进行验收。

（2）采购时应索取发票等购货凭据，并做好采购记录；向食品生产单位、批发市场等批量采购食品的，还应索取生产厂家食品卫生许可证、工商营业执照、生产许可证和产品检验（检疫）合格证明复印件等。

（3）入库前应进行验收，出入库时要进行登记，相关记录要至少保存 12 个月。

（4）食品运输工具应该保持清洁，防止食品在运输过程中受到污染。

二、烹饪原料初加工卫生

烹饪原料的初加工涵盖了烹调前的所有准备工作，包括粗加工和切配两个方面。烹饪原料初加工卫生是指烹饪原料在拣洗、分档、宰杀和改刀过程中的不同卫生要求。

1. 烹饪原料初加工具体卫生要求（表3-1）

表3-1　烹饪原料初加工的卫生要求

要求	主要内容
不同种类的原料应分开清洗，初加工原料生熟分开	◎ 动物性原料含脂肪及污物较多，植物性原料附着的寄生虫卵和泥土污染较多，清洗时应分开。洗菜池专门用于蔬菜的清洗，解冻池则主要用于动物性原料的解冻和清洗，二者应严格区分，不可混用。生熟原料加工要分砧板、分刀，以免造成交叉污染
拣洗过程中要清除有害物质	◎ 在拣洗过程中，应建立验收制度，无论是从市场采购还是从冷库中提取的货源，都要经过质量检查，凡发现有腐败、霉变、生蛆现象，或有被农药、化学毒物、细菌及寄生虫病原体等污染的食品，都不得作为烹饪原料使用。对于原料自身所含的有害于人体健康的物质，如发芽土豆的皮和芽眼，畜肉中的甲状腺和肾上腺等，应予以清除
注意初加工间的卫生	◎ 初加工间要求经常清扫，生熟砧板要刮、刷干净，消毒后置于通风处晾干，以防止砧板下面积存污垢。废弃物应随出随倒，倒后把废物桶冲干净。废弃物不可积压过夜，以免滋生细菌、蛆虫等造成污染。抹布应随时洗净，每天消毒一次

2. 常用烹饪原料初加工卫生

（1）果蔬初加工卫生。蔬菜在清洗前应先去掉黄叶、老叶和有病斑的菜叶。果蔬表面一般附有泥土、污秽、微生物、寄生虫卵和残留农药，清洗时应认真洗涤干净，尤其是叶片上的虫卵较多，可用2%的盐水洗涤以去除虫卵，或用0.3%的高锰酸钾溶液浸泡

5 min 杀灭病原体。其中不容易清除的是残留在果蔬表面的农药，清除方法主要有人工或机械刷洗法、盐酸溶液浸洗法（表 3-2）。

表 3-2　常用清除果蔬表面残留农药的方法

方法	效用
人工或机械刷洗法	◎ 方便易行，但效率低，还会使果蔬表皮组织发生损伤
盐酸溶液浸洗法	◎ 效果好，行业内已普遍采用

（2）动物性原料初加工卫生。经过冷冻的动物性原料一般采用自然解冻法，解冻前应先在解冻池内用自来水冲淋一次，解冻温度不宜超过 25 ℃，相对湿度为 85%，若冻肉数量较多，肉片吊挂相距在 5 cm 以上，离地面高度不应少于 20 cm。

（3）干货原料涨发的卫生。干货原料涨发按原料品种不同，涨发方法也不同，主要有水发和油发两种。干货原料涨发的过程中要充分去除原料上吸附的泥沙、杂质等。涨发用具要清洁卫生，以免造成原料的污染。

小贴士

※ 切不可使用温热水解冻，不同品种的原料应分开解冻。

※ 解冻后应去除原料中的有害物质。

※ 水产品初加工时，先用清水洗去鱼体表面的黏液及污物，然后刮鳞片，去鳃、去鳍，剖腹清除内脏，注意不要弄破胆囊，并用清水洗涤。

※ 鱼体在清洗时不可在水中长时间浸泡，以免可溶性蛋白质溶出，降低其营养价值。

三、烹饪工艺卫生

烹饪工艺卫生涵盖食品、设备设施、操作人员的卫生与操作规范，其任务是通过加热、调味，与其他方法的联合运用，达到杀灭病原生物，减少各类化学污染，避免毒物产生，预防人为污染等。烹饪工艺卫生是食品卫生安全的关键。

1. 面粉发酵过程中的卫生

面粉在发酵的过程中要防止因杂菌污染而影响面坯的质量。传统面粉发酵常用留下的面肥（老面）接种，掺和糅合，在 20 ～ 30 ℃下进行。但由于这种面肥长期使用已不是纯酵母菌，其中夹杂了大量乳酸菌、醋酸菌，因此发酵后面坯必须加适量碱以中和酸味，还应避免过酸或过碱而影响面点的色调、风味，造成营养成分的损失。利用鲜酵母（纯酵母菌）进行发酵，一般在 30 ℃以下，不超过 1 h，若面坯不产酸，不必加碱中和。

2. 馅心制作的卫生

馅心的种类很多，加工前应检查原料的卫生质量，再拌和各种辅料。盛用器具、工具应注意清洁卫生，以防止微生物的污染。馅心制作量要按需准备，最好随用随做，剩料要妥善保存，不宜久藏。

四、烹饪成品卫生

1. 烹饪成品卫生规范要求

烹饪成品涉及食品卫生安全方面的问题主要是食品腐败变质与食品污染。

食品腐败变质

※ 由于内外因素的影响，使烹饪成品原有的色、香、味、形和营养价值发生了从量变到质变的变化，导致食品质量降低，甚至完全不能食用，这种现象叫作食品腐败变质。

※ 针对这种现象，常对食品进行加工处理，采用不同的抑菌杀菌措施，将食品中的微生物杀灭或使其减少。

食品污染

※ 烹饪成品中混入了外来的危害人体健康的病原微生物、化学物质或放射性物质的现象叫作食品污染。

※ 针对这种现象，需要及时清洁厨房，检查污染源，确保食物加工蒸透煮透，注意成品与原料分开存放。

2. 食品储存卫生要求（表3-3）

表3-3　食品储存卫生要求与内容

要求	内容
保持场所清洁	◎ 储存食品的场所、设备应当保持清洁，不得存放有毒、有害物质
及时登记	◎ 储存食品入库前应进行验收，出入库时应登记，做好记录
按标准分类存放	◎ 食品应当分类、分架存放，距离墙壁、地面均在10 cm以上，并定期检查，使用时应遵循先进先出的原则，变质和过期食品应及时清除；食品在储存过程中应做好防尘、防鼠、防虫害工作

学习单元二　安全知识

一、厨房设备安全知识

厨房设备安全知识主要分为几个方面：熟悉设备和工具的性能；编号登记，专人保管；搞好设备和工具的清洁卫生；注意对设备进行维护和检修；注意操作安全。

使用设备和工具时，要严格遵守操作规程，认真履行安全操作程序，操作前应戴好工作帽，并把头发掖入帽内，同时要检查工作服是否整齐，是否戴了套袖，避免由于着装问题而引发事故。

1. 厨房设备的清洁养护（表3-4）

表3-4　厨房设备的清洁养护

要求	具体内容
建立制度	◎ 建立制度，落实规范。确保食品加工的设备和工具使用后能及时洗净，对接触直接入口食品的设备和工具还要及时进行消毒
规范消毒	◎ 清洗、消毒时注意防止污染食品和食品接触面。采用化学消毒的设备及工具消毒后要彻底清洗干净。已清洗和消毒过的设备与工具，应在保洁设施内定位存放，避免再次受到污染

2. 机械设备安全操作基本要求

机械设备安全事故一旦发生，往往会对操作者造成比较严重的伤害，所以在使用机械设备时一定要保证安全操作，其基本要求如图 3-1 所示。

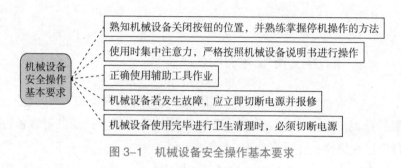

图 3-1　机械设备安全操作基本要求

3. 灶台前工具设备安全操作基本要求

在灶台前若操作不慎，最容易发生的事故是火灾和烫伤。灶台前工具设备安全操作基本要求如图 3-2 所示。

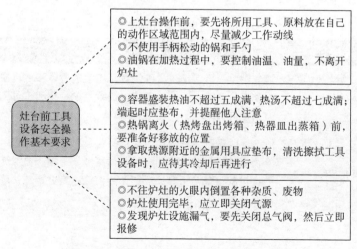

图 3-2　灶台前工具设备安全操作基本要求

4. 案台前工具设备安全操作基本要求

在案台前操作要先将工具、原料、器皿、带手布等放在动作域范围内，案台前操作容易引起的安全事故主要是刀具的划伤和割伤。案台前工具设备安全操作基本要求如图 3-3 所示。

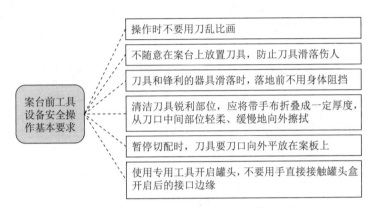

案台前工具设备安全操作基本要求

- 操作时不要用刀乱比画
- 不随意在案台上放置刀具，防止刀具滑落伤人
- 刀具和锋利的器具滑落时，落地前不用身体阻挡
- 清洁刀具锐利部位，应将带手布折叠成一定厚度，从刀口中间部位轻柔、缓慢地向外擦拭
- 暂停切配时，刀具要刀口向外平放在案板上
- 使用专用工具开启罐头，不要用手直接接触罐头盒开启后的接口边缘

图 3-3 案台前工具设备安全操作基本要求

5. 面点厨房常用设备的安全操作

（1）电热烤箱

电热烤箱是目前大部分面点厨房必备的设备。主要用于焙烤各种中西糕点，也可烹制菜肴。加热方法通常分为常规式、对流式、旋转式和微波式。规格有单门单层、单门多层、多门单层、多门多层等。

电热烤箱的基本操作步骤见表 3-5。

表 3-5 电热烤箱的基本操作步骤

步骤	操作内容
接通电源，打开开关	◎ 通常是按控制面板中的绿色按钮

步骤	操作内容
设定底火、面火温度	◎ 根据出品质量要求，通过旋转温度调节旋钮，设定面火和底火的温度（60～350 ℃）。温度指示窗中指针指示的温度是烤箱实际达到的温度，此时调节旋钮边的绿灯亮。当温度指示窗中的指针指示在所设定的温度时，红色指示灯亮
烤制产品	◎ 打开烤箱门，放入待加热的半成品生坯。有些烤箱在控制面板中带有烤箱内照明灯的开关，烤制工艺中可随时打开照明灯观察制品颜色和形态变化
结束工作，关闭开关	◎ 烤制工艺完成后，取出制品，关闭烤箱门和开关，切断电源

（2）万能蒸烤箱（电力蒸汽对衡式电焗炉）

万能蒸烤箱是集烤、蒸烤、蒸、微波、烟熏等功能于一体的新型加热设备，其能源可以使用燃气，也可以使用电。万能蒸烤箱兼备热干风、蒸汽、微波、烟熏等多种功能，充分利用强风循环的优点，在短时间内可烹调出大量食物。

每个品牌的万能蒸烤箱都有自己的默认键，品牌不同，默认键可能有所区别。

常见万能蒸烤箱的基本操作步骤见表3-6。

表3-6　常见万能蒸烤箱的基本操作步骤

步骤	操作内容
准备环节	◎ 接通电源，打开进水阀门，打开开关，机器预热10～20 s后，即可使用

步骤	操作内容
确定功能	◎ 根据烹饪方法选择功能键：蒸（30 ~ 130 ℃）/ 蒸烤（30 ~ 300 ℃）/ 烘烤（30 ~ 300 ℃），湿度可根据需要进行微调
确定温度	◎ 按温度计键，转动滚轴选择合适的温度
调节时间或探针温度	◎ 按钟表探针键，钟表灯亮后，转动滚轴，选择所需要的时间；如果需要了解原料内部温度，可把探针插入原料内，按钟表探针键（温度探针有 6 个检测点，能精确测出食品中心温度），转动滚轴，调节所需要的温度
确定其他功能	◎ 根据生产情况选择图标按键，转动滚轴选择：暂停 / 再加热 / 蒸煮、保温 / 半自动清洗循环 / 风扇速度减半 / 加热功率减半 / 节省功能 / 炉腔排气 / 手动注水键 / 锅炉手动排水键 / 炉腔迅速降温键
烹调加热运行	◎ 按开始键设定烤炉温度，放入原料。若需要知道原料内部温度，可插入探针
结束烹调	◎ 菜肴烹制完成后，打开箱门，取出食物（打开和关闭炉门，需要转动两下扳手，注意避免被热气烫伤）
清洗功能	◎ 按住清洗键，待指示灯亮后调节滚轴，根据炉内清洁程度从低到高调节 4 个挡位。调好后按开始键开始自动清洗
结束使用	◎ 不再继续使用时，应关闭开关和进水阀门，切断电源

（3）保温操作台

保温操作台是一种台式保温设备，可以面对客人，直接为客人服务。一般适合餐厅使用。

保温操作台的基本操作步骤见表 3-7。

表 3-7　保温操作台的基本操作步骤

步骤	操作内容
准备环节	◎ 接通电源，打开操作台开关，加上水
设定温度	◎ 设定温度。逆时针旋转旋钮，调节操作台底部温度挡位（设定范围为 1 ~ 10 挡），挡位越高，温度越高
确定温度	◎ 按温度计键转动滚轴，选择温度
使用	◎ 维持温度，如果食物表面需要保温或光线较暗，可打开保温照明灯
工作结束	◎ 设备使用完毕，关闭保温灯开关和操作台开关，清洗滤网中的渣子。过滤完后，再按住按钮把红色扳手复位。根据油的使用情况，选择继续使用或更换新油。关闭柜门

（4）电磁炉

电磁炉是采用磁场感应涡流加热原理，使锅本身自行高速发热，再加热锅内食物。电磁炉具有自动性、多功能性、防水性、无废气、无明火、节能省电、操作简单、使用方便等特点。

电磁炉的基本操作步骤见表 3-8。

表 3-8　电磁炉的基本操作步骤

步骤	操作内容
准备环节	◎ 接通电源，打开开关，设置功能。在控制面板上通过按钮（或旋钮）确定烹调方法、温度、火力
使用	◎ 进行菜肴烹制
工作结束	◎ 关闭开关，切断电源

（5）燃气灶

厨房中灶的种类很多，有明火灶、平顶灶、感应炉灶等。尽管有一些功能被其他设备（如蒸烤箱、炸炉等）所取代，但是灶还是厨房设备不可缺少的一部分。而燃气灶则是各种灶中最常用的一种，多种类型的锅都可以在灶上烹制食物。

燃气灶的基本操作步骤见表3-9。

表3-9 燃气灶的基本操作步骤

步骤	操作内容
准备环节	◎ 打开燃气阀门
打火	◎ 按住旋钮，逆时针对准星号旋转自动电子打火，继续旋转开关到火苗位置（可选择火力大小），同时子火点燃
使用	◎ 在燃气灶上放锅，即可把主火点燃，进行全部加热
工作结束	◎ 烹制完成后，当锅离开燃气灶时，主火自动熄灭；当不使用燃气灶时，应关闭旋转旋钮归零，子火熄灭

燃气灶操作注意事项：第一，要确保打开煤气开关前点火器已点燃，如果长时间点火未着，要关掉煤气开关，保持通风一段时间再点燃。第二，调节好火力，保证最大火焰为蓝色焰身、白黄色焰尖。

（6）电饼铛

电饼铛主要用于面点厨房，具有上、下铛双面烙制加热食品的功能，加热部分采用大面积全封闭形式，热效率高，清洁卫生，可用来制作各种饼类食物，如烙制煎饼、烧饼、锅贴、水煎包、薄饼等食品。

电饼铛的基本操作步骤见表3-10。

表 3-10　电饼铛的基本操作步骤

步骤	操作内容
准备环节	◎ 接通电源，按上挡键开关；通过旋转钮设定温度（50 ～ 150 ℃），达到所需的温度时电饼铛能自动停止加热
使用	◎ 在电饼铛底部刷油，放入面饼原料，盖上盖子。面饼成熟后，打开盖子，取出制好的饼类食品
工作结束	◎ 关闭上挡键开关，盖上盖子；若长期不使用，应断开电源。注意电饼铛不要用水清洗，以免损害内部线路

（7）冷冻柜

冷冻柜是厨房中必备的一种设备，温度范围为 -18 ～ -10 ℃ 的设备，主要用于储存各种肉类食物、水产品等原料。温度范围为 -28 ～ -23 ℃ 的设备，一方面用于速冻食品原料；另一方面用于储藏雪糕、冰激凌等食品。

冷冻柜的基本操作步骤见表 3-11。

表 3-11　冷冻柜的基本操作步骤

步骤	操作内容
使用	◎ 接通电源，根据生产需要，设定温度。待温度符合要求后，即可存放食物原料
维护	◎ 存取食物时动作要快，拿完食物后立即关上门（门要关严）。定期清理排风扇表面的灰尘，更换密封条；若长期不使用，应断开电源，将内部清理干净，打开柜门通风

（8）冷藏柜

冷藏柜是厨房储存小批量原料的冷藏设备，温度设定范围为 -5 ～ 5 ℃，主要用于储存水果、蔬菜等水分含量较多的原料。冷藏柜的容积一般比普通冰箱大，但占用空间不多，使用十分方便，是厨房热菜间的主要设备，使用方法与冷冻柜相同。

（9）绞肉机

绞肉机主要靠旋转的螺杆将料斗箱中的原料推挤到预切孔板处，利用转动的切刀刃和孔板上孔眼刃形成的剪切作用将原料切碎，并在螺杆挤压力的作用下，将原料不断排出机外。绞肉机可根据物料性质和加工要求的不同，配置相应的刀具和孔板，即可加工出不同尺寸的颗粒，满足下道工序的工艺要求。

二、用电、用气安全知识

1.用电安全知识

（1）预防触电

触电是指人体与带电体接触，使电流通过人体造成生理机能的破坏，如烧伤、肌肉抽搐、呼吸困难、昏迷、心脏骤停以至死亡的过程。触电对人体的危害程度与电流的频率、通过人体的电流大小、电流通过人体的部位、通过时间的长短等都有直接的关系。实验表明，50 Hz 的交流电对人体的伤害是致命的。

（2）触电救护方法

发现有人触电时，应尽快使触电人员脱离电源，其方法见表3–12。

表3–12　使触电人员脱离电源的方法

触电情况	脱离方法
开关在附近时	◎ 迅速关闭开关，切断电源。如果导线仍然有电，则应迅速用干燥木棒把导线挑开

续表

触电情况	脱离方法
开关不在附近时	◎ 可用干燥木棒、竹竿或带绝缘手柄的工具把导线迅速挑开或剪断。如果身边什么工具都没有，可用较厚的干燥围巾把一只手包上（不可用两只手）再去拉触电人员的衣服，使触电人员脱离电源
在高压设备上触电时	◎ 应采用相应电压等级的绝缘工具使触电人员脱离带电设备。如果在高处触电，还须预防触电人员在脱离电源时从高处摔下的危险

触电人员脱离电源后，应视情况迅速采取救护措施（图3-4）。

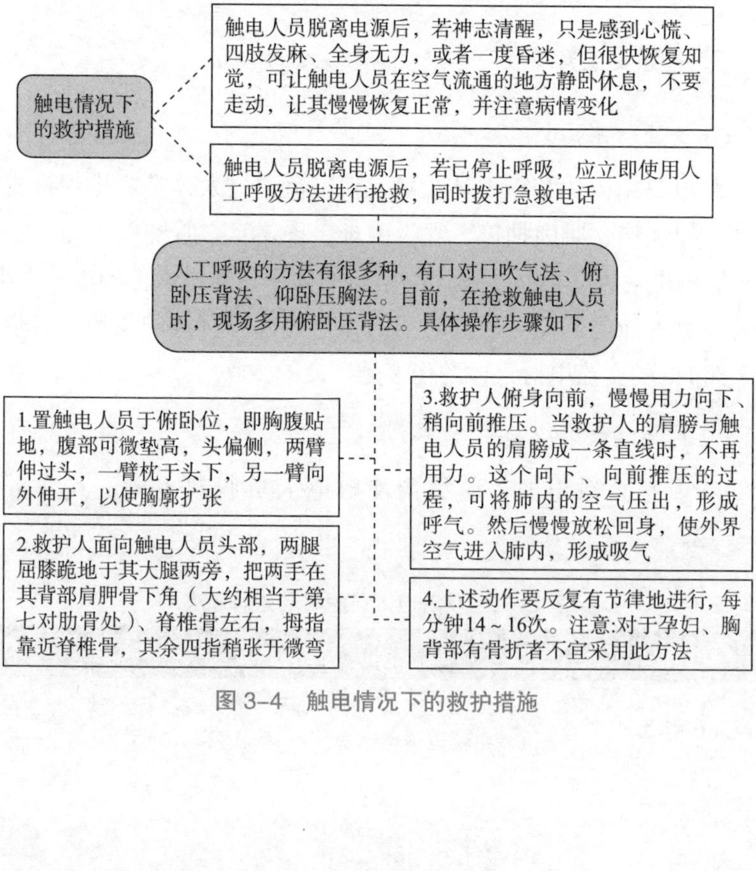

触电情况下的救护措施

触电人员脱离电源后，若神志清醒，只是感到心慌、四肢发麻、全身无力，或者一度昏迷，但很快恢复知觉，可让触电人员在空气流通的地方静卧休息，不要走动，让其慢慢恢复正常，并注意病情变化

触电人员脱离电源后，若已停止呼吸，应立即使用人工呼吸方法进行抢救，同时拨打急救电话

人工呼吸的方法有很多种，有口对口吹气法、俯卧压背法、仰卧压胸法。目前，在抢救触电人员时，现场多用俯卧压背法。具体操作步骤如下：

1.置触电人员于俯卧位，即胸腹贴地，腹部可微垫高，头偏侧，两臂伸过头，一臂枕于头下，另一臂向外伸开，以使胸廓扩张

2.救护人面向触电人员头部，两腿屈膝跪地于其大腿两旁，把两手在其背部肩胛骨下角（大约相当于第七对肋骨处）、脊椎骨左右，拇指靠近脊椎骨，其余四指稍张开微弯

3.救护人俯身向前，慢慢用力向下、稍向前推压。当救护人的肩膀与触电人员的肩膀成一条直线时，不再用力。这个向下、向前推压的过程，可将肺内的空气压出，形成呼气。然后慢慢放松回身，使外界空气进入肺内，形成吸气

4.上述动作要反复有节律地进行，每分钟14～16次。注意：对于孕妇、胸背部有骨折者不宜采用此方法

图3-4　触电情况下的救护措施

• 如何保证安全用电 •

※ 不要超负荷用电，要选用合格的电器，不使用假冒伪劣电器。

※ 对规定使用接地的用电器具的金属外壳要做好接地保护。不用湿手、湿布擦拭带电的灯头、开关和插座等。

※ 要选用与电线负荷相适应的熔断丝，不要任意加粗熔断丝，严禁用钢丝、铁丝、铝丝代替熔断丝。

2. 用气安全知识

燃气中毒多为一氧化碳中毒，是指人体吸入高浓度一氧化碳后出现缺氧，进而引起神经系统严重受损的急性中毒。燃气中毒如果抢救不及时、措施不得当，后果将不堪设想，严重者还会有生命危险。

• 如何保证安全用气 •

※ 在天然气灶具、气表、热水器周围不要堆放易燃物品。

※ 使用天然气应先点火，后开气。一时未点着，要迅速关闭天然气灶开关，切忌先放气、后点火，注意调节火焰和风门大小。

※ 使用燃气时，人不要远离炉灶，以免火焰因特殊情况熄灭造成漏气。

※ 连接灶具的软管应在灶面下自然下垂，且与灶面保持 10 cm 以上的距离，以避免被火烤酿成事故。注意经常检查软管有无松动、脱落、龟裂变质等情况，软管老化应及时更换。

三、防火、防爆安全知识

1.灶台前操作的防火要求

◦•◦ 防火安全须知 ◦•◦

※ 厨房门窗保持通风，进行烹饪加工时要有人照看。

※ 严禁在加工场所内随意堆放货物，加工场所内要配齐消防设施，保证防火间距。

※ 扑救火灾一般有三种方法：隔离法、窒息法和冷却法。隔离法是将可燃物与火隔离；窒息法是将可燃物与空气隔离；冷却法是降低燃烧物的温度。

※ 遇油锅起火，可直接用锅盖或湿抹布覆盖，不可向锅内浇水灭火。

※ 炉具使用完毕，应立即熄灭火焰，关闭气源，通风散热。

2.灭火器的使用

（1）手提式灭火器的使用方法

厨房人工灭火一般使用干粉灭火器。干粉灭火器主要通过在加压气体作用下喷出的干粉灭火剂粉雾与火焰接触、混合时发生的物理、化学作用来灭火。手提式干粉灭火器的操作方法如图3-5所示。

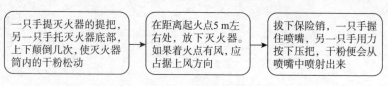

图3-5 手提式干粉灭火器的操作方法

（2）不同类型火灾的扑救方法（表3-13）

表3-13　不同类型火灾的扑救方法

引起火灾的介质	扑救方法
容器内可燃液体	◎ 扑救时应从火焰侧面对准火焰根部，左右扫射。当火焰被赶出容器时，应迅速向前，将余火全部扑灭
固体物质	◎ 扑救时应将灭火器嘴对准燃烧最猛烈处，左右扫射，并应尽量使干粉灭火剂均匀地喷洒在燃烧物的表面，直至把火全部扑灭
流散液体	◎ 扑救时应从火焰侧面对准火焰根部喷射，并由近及远，左右扫射，快速推进，直至把火焰全部扑灭

（3）使用灭火器注意事项（表3-14）

表3-14　使用灭火器注意事项

注意事项	主要内容
注意喷射位置	◎ 灭火时不能把喷嘴直接对准起火点液面喷射，防止干粉气流的冲击力使油液飞溅，引起火势扩大，造成灭火困难
注意持握灭火器方式	◎ 在灭火过程中，灭火器应始终保持直立状态，不得横卧或颠倒使用，否则不能喷粉
注意灭火后续防护	◎ 防止灭火后的复燃。由于干粉灭火器冷却作用微弱，在着火点存在炽热物的条件下，灭火后容易产生复燃

3.防爆安全须知

※ 倾倒面粉、奶粉或进行和面等操作时要远离灶台。

※ 爆炸现象的最主要特征是压力急剧升高，一般需要同时具备以下
  三个条件才可能发生：

◎ 第一，必须存在爆炸性物质或可燃性物质；

◎ 第二，有助燃性物质；

◎ 第三，存在引燃源。

　　只有这三个条件同时存在，才有发生爆炸的可能性，需要多加
注意。

模块 四
餐饮业成本核算基础知识

学习单元一　餐饮业的成本概念

餐饮业的成本是指在餐饮产品制作过程中所有的支出。厨房范围内只计算直接体现在产品中的消耗，即构成菜品原材料的支出总和。它包括了制作菜点的主料、配料和调料，有时也包括燃料费用；至于其他消耗费用一般不进行具体计算。

一、餐饮产品成本的要素

餐饮产品的原料主要分为三大类：主料、辅料、调味料。这三类原料即餐饮产品成本的三要素。

1. 主料

主料是制作餐饮产品的主要原料，一般以面粉、大米和鸡、鸭、鱼、肉、蛋等为主，有时各种海产品、干货、蔬菜和豆制品也作为主料。主料的数量一般占餐饮产品的70%，并且它所需要的费用也是最多的。当不分主料、辅料时，可以理解为所用原料均为主料。

2. 辅料

辅料是制作餐饮产品的辅助材料。辅料一般使用的数量不多，但是有些辅料的价格也较昂贵，不可以粗略计算。

3. 调味料

调味料是制作餐饮产品的调味用料，例如，油、盐、酱油、味精、胡椒粉等都是调味料，它的主要作用是调节餐饮产品的口味。调味料在餐饮产品制作过程中是不可缺少的，但用量较少，一般调味料的成本占餐饮产品成本的 1% 左右，也有一些餐饮产品的调味料价格会高于主料的价格，因此，进行成本核算时要特别注意调味料的成本。

餐饮产品的成本计算公式：餐饮产品成本 = 主料成本 + 辅料成本 + 调味料成本

二、餐饮业成本核算方法

餐饮业成本核算的方法一般是按照厨房实际使用的原料计算已售出的餐饮产品所消耗的原料费用。

餐饮业成本核算公式：耗用原材料成本 = 厨房原材料本次核算周期初结存额 + 本次核算周期领用额 – 厨房原材料本次核算周期末盘存额

学习单元二　成本计算基础知识

一、出料率的计算

出料率是表示原材料利用程度的指标，是原材料加工后可用部分的质量与加工前原材料总质量的比率。其中，可用部分的质量称为净质量，加工前原材料的总质量称为毛质量。

出料率在餐饮业中有多种名称，如净料率、熟品率、出材率、生料率、拆卸率等，但计算方法是一样的。

计算公式：出料率＝加工后可用原料质量÷加工前全部原料质量×100%

例题

油桃 2 500 g，经加工得油桃肉 2 050 g，求油桃的出料率。

分析：油桃的出料率＝2 050 g÷2 500 g×100%＝82%

答：油桃的出料率是 82%。

二、净料成本的计算

净料是指可直接用于制作菜品的原料，包括经加工配制为成品的原料和购进的半成品原料。

1. 单一净料的成本核算

（1）毛料经过初加工处理后只有一种净料，没有得到可以作价利用的下脚料和废料。

计算公式：净料成本 = 毛料总值 ÷ 净料质量

例题 1

10 kg 芹菜的总价为 16 元，经过去皮、去根和洗涤后的净菜为 8 kg，净菜的每千克成本是多少？

分析：净菜成本 =16 元 ÷ 8 kg = 2 元 / kg

答：净菜的每千克成本是 2 元。

（2）毛料经过处理后得到一种净料，并得到可作价利用的下脚料和废料。

计算公式：净料成本 = ［毛料总值 −（下脚料价款 + 废料价款）］÷ 净料质量

例题 2

带骨腿肉 9 kg，每千克 20 元，经分档加工，得到肉皮 1 kg，每千克作价 12 元，骨头 2 kg，每千克作价 7 元，出净肉 6 kg，净肉每千克的成本是多少？

分析：净肉成本 = ［9 kg×20 元 /kg−（1 kg×12 元 /kg+2 kg×7 元 /kg）］÷6 kg ≈ 25.67 元 / kg

答：净肉每千克的成本约为 25.67 元。

2. 多种净料的成本核算

（1）毛料处理后得到多种净料，以往没有计算过所得净料的单位成本。如果所有净料的单位成本都是以往没有计算过的，那么可以根据这些净料的质量，逐一确定它们的单位成本，各档净料成本之和等于毛料进货总值。（这里确定的净料成本主要是从企业的成本管理角度出发，不同的净料成本要加以确定，不被其他因素而改变。）

计算公式：净料总值 1+ 净料总值 2+ 净料总值 n = 一料多档的总值（进货总值）

例题 3

猪后腿两只 15 kg，每千克单价 16 元，共计 240 元。经整理和拆卸分档，得到精肉 8 kg，肥膘 4 kg，肉皮 1.5 kg，腿骨 1.5 kg。企业根据进货总值来大致确定其各部分的成本，根据以往的经验，假定精肉每千克 20 元，腿骨每千克 10 元，肉皮每千克 16 元，肥膘每千克的成本是多少？

分析：肥膘成本 = [240 元 –（20 元 / kg × 8 kg+10 元 / kg × 1.5 kg+ 16 元 / kg × 1.5 kg）] ÷ 4 kg =10.25 元 / kg

答：肥膘每千克的成本为 10.25 元。

（2）净料部分单位成本已知。在所有净料中，如果有些净料成本是已知的，另外一些未知，那么可以先把已知的那部分计算出来，然后根据市场行情与未知净料质量，确定其成本。

例题 4

一批肉鸭 88 kg，每千克进价 16 元，共计 1 408 元。经整理和拆卸分档得到鸭肉 43 kg，鸭架 30 kg，鸭头爪 11 kg，鸭肝 4 kg。已知鸭架每千克 8 元，鸭头爪每千克 12 元，鸭肉每千克的成本是多少？

分析：可以先将鸭头爪和鸭架的成本总值计算出来，从肉鸭进货总值中扣除这部分价款，在扣除后的总值范围内，即 1 408 元 –30 kg × 8 元 / kg – 11 kg × 12 元 / kg = 1 036 元，根据市场行情和净料质量，逐一确定鸭肉和鸭肝的单位成本。同时，也应保持各档净料成本之和等于进货总值。根据市场行情，鸭肝每千克 10 元，可计算得出鸭肉成本。

鸭肉成本 =（1 036 元 – 4 kg × 10 元 / kg）÷ 43 kg ≈ 23.16 元 / kg

答：鸭肉每千克成本约为 23.16 元。

（3）需要计算其中一种净料成本。如果只有一种净料的单位成本需要测算，其他净料成本都是已知的，就可先把这些已知净料的总成本计算出来，从毛料的进货总值中扣除后，再确定其单位成本。

计算公式：一种净料成本 =［毛料进货总值 –（其他各档净料成本总和 + 下脚料和废料价款）］÷ 净料质量

例题 5

一只活鸭重 3 kg，每千克进价 15 元，经过宰杀、去毛、去血得到光鸭 2 kg，准备分档取肉，其中鸭翅占 10%，鸭腿占 30%，鸭爪头、内脏等下脚料占 35%，鸭肉占 25%。已知鸭翅的单价为 26 元 / kg，鸭腿的单价为 28 元 / kg，下脚料的单价为 8 元 / kg，鸭肉每千克的成本是多少？

分析：鸭肉成本 =［3 kg × 15 元 / kg –（2 kg × 10% × 26 元 / kg + 2 kg × 30% × 28 元 / kg + 2 kg × 35% × 8 元 / kg）］÷（2 kg × 25%）= 34.8 元 / kg

答：鸭肉每千克的成本为 34.8 元。

三、调味料的成本核算

根据生产类型的不同，调味料的成本核算方法大致可分为以下两种。

1. 单件成本核算法

单件成本指的是制作单件餐饮产品的调味料成本，也称为个别成本。核算时，先要把各种调味料的用量估算出来，然后按其进价分别算出成本，再逐一相加，即得到单件餐饮产品的调味料总成本。

计算公式如下：

单件餐饮产品调味料成本 = 耗用的调料 1 成本 + 调料 2 成本 + 调料 n 成本

例题 1

一位厨师制作一批酱鸡爪，共用掉鸡爪 200 元，花椒 15 元，八角 15 元，桂皮 2 元，草果 1 元，丁香 1.5 元，其他香料共计 10 元，这批酱鸡爪的调料成本为多少元？

分析：酱鸡爪的调料成本 = 15 元 + 15 元 + 2 元 + 1 元 + 1.5 元 + 10 元 = 44.5 元

鸡爪 200 元为原料价格，不应算在调料价格中。

答：这批酱鸡爪的调料成本为 44.5 元。

2. 平均成本核算法

平均成本也称综合成本，指的是批量制作餐饮产品的单位调味料成本。具体核算时应分两步进行。

第一，用容器估量法或体积估量法算出制作某种餐饮产品所需要的调味料用量及成本。这种核算方法多用于成批制作餐饮产品，所用调味料总量较多的情况。

第二，在统计好之后就可以运用公式计算该产品的调味料成本。

批量制作餐饮产品平均调味料成本的计算公式如下：

批量制作餐饮产品平均调味料成本 = 批量生产耗用的调味料总值 ÷ 餐饮产品总量

例题 2

厨房用牛肉 20 kg 制作酱牛肉，经过加工后得到成品酱牛肉 18 kg，经过称量和计算，共用去各种调味料的数量和价格为：酱油 6 瓶，成本 42 元；老抽 1 瓶，成本 12 元；盐 100 g，成本 0.4 元；冰糖 300 g，成本 4 元；料酒 3 瓶，成本 15 元；各种香料共 1 000 g，成本 200 元。

每份（300 g）酱牛肉的调味料成本是多少？

分析：酱牛肉 18 kg = 18 000 g

制作酱牛肉的调味料总成本 = 42 元 + 12 元 + 0.4 元 + 4 元 + 15 元 + 200 元 = 273.4 元

每份酱牛肉的调味料成本 = 273.4 元 ÷（18 000 g ÷ 300 g）≈ 4.56 元

答：每份（300 g）酱牛肉的调味料成本约为 4.56 元。

四、菜点成品成本的计算

消耗的各种原材料的成本之和称为餐饮产品的成本，即将所消耗的各种原材料成本累加就可得出某一菜点的成本。

1. 批量制作单一菜品的总成本计算

在批量制作单一菜品时，可将所用到的全部主料成本、辅料成本和调味料成本相加，即为批量制作单一菜品的总成本。

例题 1

某酒店制作一批软炸虾仁，用到虾仁 2.5 kg，鸡蛋 1.5 kg，面粉 300 g，淀粉 600 g。已知虾仁每千克 60 元，鸡蛋每千克 8 元，面粉每千克 4 元，淀粉每千克 8 元，自制椒盐的成本为 6 元，制作这一批软炸虾仁的总成本是多少？

分析：面粉 300 g = 0.3 kg，淀粉 600 g = 0.6 kg

虾仁的成本 = 2.5 kg × 60 元 / kg = 150 元

鸡蛋的成本 = 1.5 kg × 8 元 / kg = 12 元

面粉的成本 = 0.3 kg × 4 元 / kg = 1.2 元

淀粉的成本 = 0.6 kg × 8 元 / kg = 4.8 元

软炸虾仁的总成本 = 150 元 + 12 元 + 1.2 元 + 4.8 元 + 6 元 = 174 元

答：制作这一批软炸虾仁的总成本为 174 元。

2. 单件制作菜品的总成本计算

除卤制品及其他少数品种外，绝大部分的菜品都是以单件制作的，其成本可按先分后总法进行计算，将每道菜品的成本相加得到总成本。

例题 2

厨房接到通知，需要制作 20 份水煮鱼。每份水煮鱼需要用草鱼肉 500 g，豆芽 300 g，黄瓜 200 g，干辣椒 50 g，麻椒 60 g。已知草鱼肉每千克 30 元，豆芽每千克 4 元，黄瓜每千克 8 元，干辣椒每克 0.16 元，麻椒每克 0.14 元，其他调味料成本共 5 元，制作 20 份水煮鱼的成本是多少？

分析：草鱼肉 500 g＝0.5 kg，豆芽 300 g＝0.3 kg，黄瓜 200 g＝0.2 kg

草鱼肉的成本＝0.5 kg×30 元/kg＝15 元

豆芽的成本＝0.3 kg×4 元/kg＝1.2 元

黄瓜的成本＝0.2 kg×8 元/kg＝1.6 元

干辣椒的成本＝50 g×0.16 元/g＝8 元

麻椒的成本＝60 g×0.14 元/g＝8.4 元

1 份水煮鱼的成本＝15 元＋1.2 元＋1.6 元＋8 元＋8.4 元＋5 元＝39.2 元

20 份水煮鱼的成本＝39.2 元×20＝784 元

答：制作 20 份水煮鱼的成本是 784 元。

3. 批量制作主食、点心的成本计算

在对批量制作主食、点心的成本进行核算时，可采用先总后分的方法，即先计算出总成本，再除以相应的份数，即可得到单独一份主食、点心的成本。

例题 3

　　某厨房主食加工间要制作卷心菜肉包，用到卷心菜 1 500 g，猪肉馅 500 g，面粉 2 500 g，共制作了 60 个卷心菜肉包。已知卷心菜每千克 4 元，猪肉馅每千克 24 元，面粉每千克 4 元，调味料成本共 5 元，每个卷心菜肉包的成本是多少？

　　分析：卷心菜 1 500 g＝1.5 kg，猪肉馅 500 g＝0.5 kg，面粉 2 500 g＝2.5 kg

　　卷心菜的成本＝1.5 kg×4 元／kg＝6 元

　　猪肉馅的成本＝0.5 kg×24 元／kg＝12 元

　　面粉的成本＝2.5 kg×4 元／kg＝10 元

　　60 个卷心菜肉包的成本＝6 元＋12 元＋10 元＋5 元＝33 元

　　1 个卷心菜肉包的成本＝33 元 ÷60＝0.55 元

　　答：每个卷心菜肉包的成本是 0.55 元。

模块 五
中式面点原料基础知识

学习单元一 小麦与面粉

　　我国小麦的播种面积和产量仅次于水稻，主要产区分布于长江以北至长城以南，东至黄海、渤海，西至六盘山、秦岭附近的广大地区。

一、小麦的分类

　　（1）小麦按皮色可分为白麦和红麦（表 5-1），以及介于其间的黄麦和棕麦。

表 5-1　小麦的种类（按皮色分类）

种类名称	主要特点
白麦	◎ 白麦大多为软麦，粉色较白，出粉率较高，但多数情况下筋力较红麦差一些
红麦	◎ 红麦大多为硬麦，粉色较深，麦粒结构紧密，出粉率较低，但筋力较强

　　（2）小麦按胚乳质地可分为粉质小麦和角质小麦（表 5-2）。一般识别方法是将小麦从横断面切开，其断面呈粉状的称为粉质小麦，呈半透明状的称为角质小麦。

表 5-2　小麦的种类（按胚乳质地分类）

种类名称	主要特点
粉质小麦	◎ 粉质小麦又称软质小麦或软麦，其胚乳中的蛋白质含量较低，淀粉粒之间的空隙较大，粒质呈粉质状态，硬度低，粒质软。软质小麦磨制的面粉颗粒细小，破损淀粉少，蛋白质含量低，适宜制作蛋糕、酥点、饼干等
角质小麦	◎ 角质小麦又称硬质小麦或硬麦，其胚乳中的蛋白质含量较高，蛋白质充塞于淀粉分子之间，淀粉粒之间的空隙小，蛋白质与淀粉紧密结成一体，因而粒质呈半透明玻璃质状态，硬度大。通常小麦蛋白质含量越高，粒质越紧密，麦粒硬度越大。硬质小麦磨制的面粉一般呈砂粒性，大部分是完整的胚乳细胞，面筋质量好，面粉呈乳黄色，适宜制作面包、馒头、饺子等食品，不宜制作蛋糕、饼干

　　小麦按播种季节可分为冬小麦和春小麦。根据气候条件，我国小麦种植区域划分为三大自然区，即北方冬麦区（河南、山东、河北、陕西）、南方冬麦区（江苏、安徽、四川、湖北）和春麦区（黑龙江、新疆、甘肃）。一般北方冬小麦质量较好，其次是春小麦，南方冬小麦相对较差。

小贴士

※ 影响面坯调制质量的物理性质主要是淀粉的糊化及老化作用。

二、小麦粒的结构

　　小麦粒由皮层、糊粉层、胚乳和胚芽 4 个部分组成（图 5-1），它们的主要特点见表 5-3。

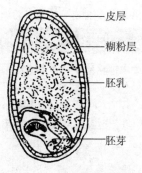

图 5-1　小麦粒的结构

表 5-3　小麦粒结构组成的主要特点

结构名称	主要特点
皮层	◎ 皮层也称麸皮，占小麦粒干重的 8%～10%。由纤维素、半纤维素和果胶物质组成，其中含有一定量的维生素和矿物质。因皮层不易被人体消化，且影响面粉口感，磨粉时要除去皮层
糊粉层	◎ 糊粉层占小麦粒干重的 3.25%～9.48%。糊粉层中除了含有大量的蛋白质外，还含有纤维素、维生素和脂肪，营养价值较高
胚乳	◎ 胚乳是小麦粒的主要成分，占小麦粒干重的 78%～83.5%。营养成分主要是淀粉，也含有一定数量的蛋白质、脂肪、维生素和矿物质
胚芽	◎ 胚芽位于小麦粒背面基部，占小麦粒干重的 2.22%～4%。胚芽中含有较多的蛋白质、脂肪、矿物质和维生素，也含有一些酶

三、面粉的分类

面粉的分类方法很多，常用的有按照加工精度、筋度和用途三种分类方法划分。我国的面粉等级标准主要是按照加工精度进行划分（表 5-4）。

表 5-4　面粉的种类（按照加工精度分类）

种类名称	主要特点
精制粉	◎ 精制粉又称富强粉，主要由小麦的中心部分胚乳制成，加工精度高，出粉率低，色泽白，手感细腻、爽滑，面筋含量多
标准粉	◎ 标准粉由小麦胚乳、糊粉层等制成，出粉率较高，粉色微黄，粉粒较粗，面筋含量较多
普通粉	◎ 普通粉由胚乳、糊粉层、部分皮层制成，粉色深，组织粗，面筋含量少

按照筋度分类，面粉可分为高筋面粉、中筋面粉和低筋面粉（表 5-5）。

表 5-5　面粉的种类（按照筋度分类）

种类名称	主要特点
高筋面粉	◎ 高筋面粉又称高筋粉，蛋白质含量在 12.2% 以上，吸水率为 62%～64%，适合制作面包
中筋面粉	◎ 中筋面粉又称中筋粉，是介于高筋粉和低筋粉之间的一种具有中等筋力的面粉。中筋粉在中式面点中的应用很广，如包子、馒头、面条、饺子等，大部分中式面点都是用中筋粉制作的
低筋面粉	◎ 低筋面粉又称低筋粉，蛋白质含量低于 10%，适宜制作蛋糕、混酥点心、饼干等

按照用途的不同，面粉可分为通用面粉、营养强化面粉和专用粉（表 5-6）。

表 5-6　面粉的种类（按照用途分类）

种类名称	主要特点
通用面粉	◎ 通用面粉多为中筋面粉，以加工精度区分的精制粉属于通用面粉
营养强化面粉	◎ 营养强化面粉是指在面粉加工过程中添加天然或人工合成的营养添加剂，使之成为营养更全面的一种面粉，以弥补营养素的不足。从外表看，普通面粉和营养强化面粉无论是从颜色、味道，还是手感上都很难区分，加工成各种食品后，在外观和口感上也无差异。由于超过一定存放时间或光照作用可能会使营养素发生变化，因此营养强化面粉不宜久存或暴晒 ◎ 营养强化面粉主要品种有：增钙面粉、富铁面粉、"7+1"营养强化面粉（"7" 分别指铁、钙、锌、维生素 B_1、维生素 B_2、叶酸、烟酸；"1" 指维生素 A）等
专用粉	◎ 专用粉是指针对某专项产品加工制作的面粉。目前，我国专用粉有十几个品种，如面条专用粉、饺子专用粉、油条专用粉、面包专用粉、糕点专用粉、蛋糕专用粉、饼干专用粉、自发粉、预拌粉等。专用粉的基础是专用小麦，如硬红春麦是很好的面包粉小麦，软红冬麦是很好的饼干粉、蛋糕粉小麦。对专用粉的品质要求是均衡、稳定，要求面粉吸水量、筋力一致，不应忽高忽低

四、面粉的加工制作

面粉的加工制作主要经过清洗、润麦、制粉、配粉等过程。

（1）清洗。清除小麦中的有机杂质和无机杂质。

（2）润麦。通过着水调整小麦的水分，使小麦柔韧，胚乳疏松，易于磨研和筛理。

（3）制粉。通过磨研和筛理，分离皮层和胚芽，并将胚乳磨成面粉。

（4）配粉。根据需要配制各种用途的小麦粉（俗称面粉）。

五、面粉的主要质量指标

面粉的主要质量指标见表5-7。

表5-7　面粉的主要质量指标

常用的面粉质量指标	主要内容
加工精度	◎ 小麦粉的加工精度通常以小麦粉的粉色和所含麸星（即麦皮屑）的多少来衡量，它是反映面粉质量的标志之一
粗细度	◎ 粗细度是指小麦粉颗粒的粗细程度，以通过的筛号及留存某筛号的百分率表示。筛上物用1/10感量天平称量，其重量小于0.1 g，视为全部通过
面筋量	◎ 面筋量是指小麦粉面筋质的湿基含量，以面筋占面团质量的百分率表示。湿面筋的含量和质量（弹性）是决定面粉分类和用途的最重要指标
气味	◎ 面粉应无异味

学习单元二　稻米与米粉

　　稻属禾本植物，原产于印度及中国南部，现世界各地都有栽培，它是我国主要的粮食作物之一。其籽实称稻谷，由稻壳、稻粒两部分组成。将稻谷经过加工去掉稻壳后，就得到了稻米。

一、稻米的分类

　　稻米按米粒内所含淀粉的性质分为籼米、粳米和糯米，它们的主要特点见表5-8。

表5-8　稻米的种类（按所含淀粉的性质分类）

分类名称	主要特点
籼米	◎ 籼米又称机米。我国大米以籼米产量最高，四川、湖南、广东等地产的大米都是籼米。籼米米粒细而长，颜色灰白，半透明者居多。其特点是硬度中等，黏性小而胀性大，口感粗糙而干燥
粳米	◎ 粳米主要产于东北、华北、江苏等地。北京的"京西稻"、天津的"小站稻"都是优良的粳米品种。粳米米粒形短，圆而丰满，色泽蜡白，半透明。其特点是硬度高，黏性大于籼米而胀性小于籼米。粳米又分为上白粳、中白粳等品种。上白粳色白，黏性较大；中白粳色稍暗，黏性较差

续表

分类名称	主要特点
糯米	◎ 糯米又称江米。主要产于江苏南部、浙江等地。特殊品种有江苏常熟地区的"熟血糯"和陕西洋县的"黑米"。其特点是硬度低、黏性大、胀性小，色泽乳白不透明，但成熟后有透明感。糯米又分为粳糯和籼糯两种。粳糯米粒阔扁，呈圆形，黏性较大，品质较佳；籼糯米粒细长，黏性较差，米质硬，不易煮烂

二、稻米粒的结构

稻米粒由皮层、糊粉层、胚和胚乳 4 个部分组成，它们的主要特点见表 5-9。

表 5-9　稻米粒的结构

结构名称	主要特点
皮层	◎ 皮层是稻米粒的最外层，主要由纤维素、半纤维素和果胶构成。它影响稻米的口感且不易被人体消化，要经过碾轧除掉
糊粉层	◎ 糊粉层位于皮层之下，是胚乳的最外层组织。糊粉层虽然不厚，但集中了稻米的主要营养成分，如蛋白质、脂肪、矿物质等
胚	◎ 胚位于稻米粒腹白的下部，含有较多的营养成分，还含有一些酶类，胚部的生命活性较强，如果保存不当，很容易霉变
胚乳	◎ 稻米粒除了皮层、糊粉层、胚以外，其余部分为胚乳，约占总质量的91.6%，营养成分主要是淀粉

三、米粉的分类

米粉是大米经加工磨碎而成的粉末状原料，主要用于制作糕团和小吃。

根据所用大米的粒形及质地不同，所磨成的粉末主要分为籼米粉、粳米粉、糯米粉三种。它们的性质各异，根据不同面点品种的需要，可以单独使用也可以相互掺和使用。其中，籼米粉一般以制糕、制粉条和粉卷为多，成品质地松软爽滑。粳米粉一般用于制作糕或与糯米粉掺和使用。糯米粉是面点制作中使用最广泛的米粉之一，可制作各种元宵、汤圆、糕团及象形面点等。糯米粉还可以与其他杂粮粉或植物性原料掺和使用，使成品质地软糯、细腻。两种及两种以上不同米粉按一定比例掺和后的粉叫作相（镶）粉。相（镶）粉是制作糕点的重要原料。

根据磨制方法的不同，米粉又分为干磨粉、水磨粉和其他（石臼舂成的米粉）（表 5-10）。

表 5-10　米粉的种类（按照磨制方法分类）

分类名称	主要特点
干磨粉	◎ 主要是指将干燥大米磨制成的粉。有的用生米磨制，称为生米粉。将米炒熟后磨制的粉，称为熟米粉或糕粉。一般来说，生的米粉多用于制作坯皮，熟的米粉多用于制作馅心。干磨粉的特点是粉质干燥，吸水性强，易于保存，使用方便，但粉质较粗糙，成品口感不够细腻，色泽较差
水磨粉	◎ 将大米用冷水浸泡透，泡至米粒能用手捻碎，连水带米一起磨成粉浆，然后装入布袋中沥干水分即为水磨粉。目前，水磨粉一般有现磨现用、挤干水分的块状粉末，也有经加工脱水烘干的袋装粉末。水磨粉的特点是粉质细腻，口感软滑，色泽洁白，是几种米粉中质量最好的

续表

分类名称	主要特点
其他（石臼舂成的米粉）	◎ 用石臼舂成的米粉需将米用冷水浸泡透，略控水入石臼舂成，然后用罗筛过筛。筛孔的大小决定米粉的粗细。石臼舂成的米粉一般口感较好，深受大众喜爱

四、米粉的加工

为了提高米粉制品的质量，可将不同种类的米粉或将米粉与面粉掺和在一起，使其在软、硬、糯等性质上达到新制成品的质量要求。

1. 糯米粉、粳米粉与面粉掺和的方法

将糯米粉、粳米粉、面粉按一定的比例混合，调制成团，也可在磨粉前将各种米按成品要求，以一定的比例配制好，再磨制成粉与面粉混合。这种掺粉方法能增加米粉的筋力、韧性，制成的成品不易变形，食用时有黏润感和软糯感。

2. 糯米粉与粳米粉掺和的方法

根据制品质量的要求，将糯米（60%～80%）与粳米（20%～40%）按一定比例混合、调制而成。用这种掺粉方法制作的米粉，可使成品有软糯、清润的特点。

3. 米粉与杂粮掺和的方法

米粉可与豆粉、薯粉、小米粉等直接掺和，也可与土豆泥、胡萝卜泥、豌豆泥、山药泥、芋头泥等混合制成面坯。用这种方法制成的米粉，其成品具有杂粮的天然色泽和香味，且口感软糯适中。

学习单元三　杂粮与淀粉

一、主要杂粮品种

1. 玉米

玉米又称苞谷，在我国栽培面积较广，主要产于四川、河北、吉林、黑龙江、山东等省，是我国主要的杂粮之一，为高产作物。玉米的种类如图 5-2 所示。

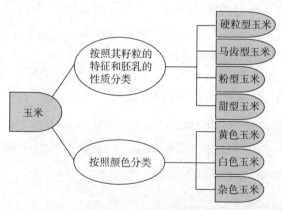

图 5-2　玉米的种类

东北地区多种植硬粒型玉米，华北地区多种植适宜磨粉的马齿型玉米。玉米的胚特别大，约占籽粒总体积的 30%。玉米既可磨粉，又可制米，粉可做粥、窝头、发糕、菜团等；玉米渣可煮粥、焖饭。

2. 高粱

高粱又称蜀黍，主要产区是东北的吉林省和辽宁省，此外，山东、河北、河南等省也有栽培，是我国主要的杂粮之一。高粱米粒呈卵圆形，微扁。高粱的种类见表5-11。

表 5-11　高粱的种类

分类方法	主要内容
按品质分	◎ 可分为有黏性（糯高粱）和无黏性两种
按粒色分	◎ 可分为红色和白色两种，红色高粱呈褐红色，白色高粱呈粉红色，它们均坚实耐煮
按用途分	◎ 可分为粮用和糖用两种。其中，粮用高粱米可做饭、煮粥，还可磨成粉做糕团、饼等食品

高粱的皮层中含有一种特殊的成分——单宁，单宁有涩味，食用时妨碍人体对食物的消化和吸收。高粱米加工精度高时，可以消除单宁的不良影响，提高蛋白质的消化吸收率。

3. 小米

小米又称黄米、粟米，在我国主要分布于黄河流域及其以北地区。小米一般分为糯性小米和粳性小米两类，通常红色、灰色者为糯性小米，白色、黄色、橘红色者为粳性小米。

小米一般浅色谷粒皮薄、出米率高、米质好，深色谷粒皮厚、出米率低、米质差。小米可以熬粥、蒸饭或磨粉制饼、蒸糕，也可以与其他粮食混合食用。

4. 黑米

黑米又称紫米、墨米、血糯等，属稻类米中的一种特质米。籼稻、糯稻均有黑色品种。

黑米的营养成分比一般的稻米高，每千克约含蛋白质 11.43 g、脂肪 3.84 g，同时富含较多的人体必需氨基酸。

5. 荞麦

荞麦古称乌麦、花荞，籽粒呈三角形，可供食用。我国荞麦主产区分布在西北、东北、华北、西南一带的高寒地区。荞麦生长周期短，适宜在气候寒冷或土壤贫瘠的地方栽培。

荞麦是我国主要的杂粮之一，用途广泛，籽粒磨粉可制作面条、面片、饼子和糕点等。荞麦中所含的蛋白质与淀粉易于人体消化吸收，是消化不良患者适宜的食品。

6. 莜麦

莜麦又称燕麦、裸燕麦，主要分布在内蒙古阴山南北，河北省的坝上、燕山地区，山西省的太行、吕梁山区，西南大小凉山高山地带，山西、内蒙古一带食用较多。

莜麦有夏莜麦和秋莜麦两种。夏莜麦色淡白，小满播种，生长期 130 天左右；秋莜麦色淡黄，夏至播种，生长期 160 天左右。两种莜麦的籽粒都无硬壳保护，质软皮薄。莜麦是我国主要的杂粮之一，磨粉后可制作多种主食、小吃。

7. 甘薯

甘薯又称番薯、山芋、红薯、地瓜、红苕，主要食用肥硕的块根，其嫩茎、嫩叶也可食用。甘薯原产于南美洲，16 世纪末引入中国福建、广东沿海地区，现除青藏高寒地区外，全国各地均有种植。

甘薯是我国主要的杂粮之一，含有大量的淀粉，质地软糯，味道香甜。甘薯既可作为主食，也可与其他粉料掺和做点心，还可做菜，适宜蒸、煮、扒、烤，也可炸、炒、煎、烹，还可晒干储藏。

8. 青稞

青稞又称裸麦、米麦、元麦。主产于青海、西藏以及四川、云南的西北部高寒地区。藏族人民群众自古以来就栽培青稞，并将其作为主食。青稞磨制的粉较为粗糙，色泽灰暗，口感发黏，食用方法与小麦粉相同，可以酿酒。

9. 木薯

木薯又称树薯、粉薯、南洋薯，是生长在热带和亚热带一年生或多年生的草本灌木。原产于南美洲，现在我国广西各地都有种植。

木薯分为红茎和青茎两种，块根含有丰富的淀粉，既可制成木薯饼，又可加工成西米、木薯粉、粉丝、虾片等，同时它还是制作饴糖、酿酒的原料。但是木薯中含有氰基苷，不可生食，必须长时间用清水浸泡并煮熟后才可食用。由于木薯中胶质较多，不易消化，患有肠胃疾病的人不宜食用。

10. 薏米

薏米学名薏苡，又称苡仁、"药玉米"。薏米耐涝，喜生长于背风向阳和雾期较长的地区。我国广西、湖北、湖南产量较高，其他地区也有栽培。成熟后的薏米呈黑色，米皮坚硬、有光泽，颗粒沉重，粒型呈三角形，出米率40%左右。

二、主要淀粉品种

烹调用淀粉主要有绿豆淀粉、木薯淀粉、甘薯淀粉、红薯淀粉、马铃薯淀粉、麦类淀粉、菱角淀粉、藕淀粉、玉米淀粉等（表5-12）。

表 5-12 淀粉的主要分类

主要分类	具体品种
薯类淀粉	◎ 红薯淀粉、马铃薯淀粉、木薯淀粉、甘薯淀粉等
豆类淀粉	◎ 绿豆淀粉、豌豆淀粉等
谷类淀粉	◎ 小麦淀粉、玉米淀粉等
其他淀粉	◎ 葛根淀粉、菱角淀粉、藕淀粉等

　　淀粉在食品加工中的作用多是通过糊化来实现的，虽然不同品种淀粉的作用几乎是相同的，但是它们在色泽、口感、黏性、吸水性等方面有着很大差别。常用淀粉品种见表 5-13。

表 5-13 常用淀粉品种

种类名称	主要特点
玉米淀粉	◎ 玉米淀粉是烹饪中使用很广泛的淀粉，经过油炸后口感比较酥脆，所以油炸的、需要有酥皮的菜肴通常要加入玉米淀粉来挂糊
木薯淀粉	◎ 木薯淀粉是木薯经过淀粉提取后脱水干燥而成的粉末。其特点是色洁白，在加水遇热煮熟后呈透明状，一般多用于制作甜品
绿豆淀粉	◎ 绿豆淀粉是绿豆用水浸胀磨碎后沉淀而成的。其特点是黏性足，吸水性差，色洁白而有光泽
土豆淀粉	◎ 土豆淀粉也是应用较多的淀粉。它是将土豆磨碎后，经揉洗、沉淀制成的。其黏性足，质地细腻，色洁白，光泽优于绿豆淀粉，但吸水性差。糊化温度低，可以降低高温引起的营养与风味损失
豌豆淀粉	◎ 豌豆淀粉属于品质比较好的淀粉，可以使成品口感软硬适中，脆而不硬
小麦淀粉	◎ 小麦淀粉又叫澄粉，是面坯洗出面筋后沉淀而成，或用面粉制成的。其特点是色洁白，但光泽较差。常用来制作一些广式点心，透明度相对较好

续表

种类名称	主要特点
红薯淀粉	◎ 红薯淀粉与其他淀粉相比，色泽较黑，颗粒也较为粗糙，糊化后口感会比较黏。红薯淀粉可以用来加工红薯粉条，也可以用来给肉类原料上浆
菱角淀粉	◎ 菱角淀粉是从菱角中提取出来的淀粉，色洁白，富有光泽，质地细腻光滑，黏性大，但吸水性较差。糊化温度高于玉米淀粉与土豆淀粉，所以厨房极少使用
藕淀粉	◎ 藕淀粉是用干燥的莲藕磨成的一种淀粉，在烹饪过程中作为稠化剂使用，质地细腻，吸水性强

淀粉不溶于水，在和水加热至 60 ℃左右时糊化成胶体溶液（淀粉种类不同，糊化温度不一样）。在面点制作中，淀粉在一定温度下吸水，显示胶体性质，用来组成面坯；淀粉也可以为酵母菌的繁殖、发酵提供养分，使成品更加膨松。

模块 六

面点制作工艺基础

中·式·面·点·制·作

学习单元一　面点制作的工具和设备

一、面点制作原料及工具、设备的准备

面点制作原料的准备要求制作者首先要熟悉所采用原料的性质、特点和使用范围，根据面点不同品种的要求，选用适宜的原材料，保证成品质量。

许多面点的成型，需要借助各种工具、设备，在准备时，制作者要熟悉它们的性能和使用范围，根据所制作面点品种的需要，把相应的工具、设备准备齐全，要做到随用随有，保证面点制作顺利进行。另外，制作者在准备时，不仅要检查各种工具、设备的基本状况，看操作、运转是否正常，还要注意查看各种工具、设备是否符合相关的卫生标准要求。

1. 面点制作常用工具

按照面点的制作工艺，制作工具可分为制皮工具、制馅工具、成型工具、成熟工具和其他工具（表 6-1）。

表 6-1　面点制作常用工具

分类名称	主要种类	示例
制皮工具	◎ 常见的制皮工具主要有擀面杖、通心槌、单手棍、双手杖、橄榄杖，此外，还有花棍等	

76

续表

分类名称	主要种类	示例
制馅工具	◎ 用于调制馅料的工具主要有刀、砧板、筷子、馅盆、打蛋桶、蛋甩帚等	
成型工具	◎ 常见的成型工具主要有印模、套模、盏模、花嘴、花钳和花车、小剪、小木梳、鹅毛管、面挑、小刀等	
成熟工具	◎ 常见的成熟工具主要有锅类、蒸笼、漏勺、铁丝网罩、铁丝筐等。其中锅类按用途可以分为水锅、高沿锅、炒锅等	
其他工具	◎ 其他工具是指具有不同特殊功能的面点制作工具,常见的主要有粉筛、面刮板、小簸箕、色刷、毛笔、排笔等	

2. 面点制作常用设备

中式面点制作常用设备按性质不同可分为机械设备、加热成熟设备、恒温设备、储物设备和工作案台(图6-1)。

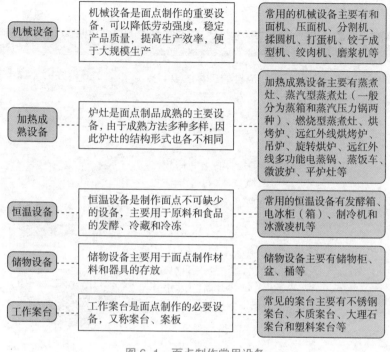

图 6-1　面点制作常用设备

二、面点制作常用工具、设备的保养

1.面点制作常用工具的保养

工具的保养

※ 对于存放时间较长的工具，要按时进行清洁、养护。
※ 常用工具需要存放在干燥、通风良好的地方。
※ 在每次使用后，应及时将工具清洗干净，去除残留的面点材料。

※ 清洗后的工具需要晾干或用干净的布擦干，避免因水分残留而
导致工具生锈、发霉。

※ 各种工具的保养要以清洁、卫生为标准，不要接触强酸性、强
碱性物质，防止工器具变形、损坏。

2.面点制作常用设备的保养

设备的保养

※ 常用设备应按要求放到指定位置。

※ 常用设备表面要做到无油污、无水迹、无面粉、无面渣。

※ 常用设备使用后应清洗干净，以保证食品卫生。

※ 轴承等部位要定期加油保养，使其润滑，减少磨损。

※ 定期检查设备的安全度和完整性，如有损坏或磨损，要及时进
行维修或更换。

学习单元二　面点制作工艺流程

一、馅心的调制

馅心的调制是指以各种禽、畜、海产品、果蔬及其制品为原料，适当掺入各类调味品，根据面坯特性，经过生拌或熟烹，使原料呈现鲜美味道的过程。

1. 馅心的特点

中式面点制馅历史悠久，在种类、口味及制作等方面形成了独有的特点（表6–2）。

表6–2　中式面点馅心的主要特点

主要特点	具体内容
种类繁多	◎ 中式面点的馅心种类较多，各具特色。在选料上可分为荤馅、素馅；在口味上还可分为咸馅、甜馅、咸甜馅等
用料讲究	◎ 馅心对面点的口味起着决定性的作用，因此需要针对不同的面点制作要求灵活选料，选料是否合适直接关系到面点制作的质量
用料广泛	◎ 中式面点的馅心原料非常广泛，几乎所有可用来烹制菜肴的原料，均可以作为面点馅心的原料

2. 制馅的工艺要求

（1）原料一般要加工成细碎的小料

面点馅心由于包入皮料内后，还需经过熟制加热处理，一般都是将原料加工成粒、末、泥、蓉、丝、片或细碎的小料等。

（2）水分和黏性要合适

适度控制馅心的水分和黏性是制馅工艺的两个关键环节，二者直接影响馅心的成型与口味。

（3）咸馅调味较一般菜肴稍淡

多数咸馅品种都需经过加热熟制，由于水分蒸发，卤汁变浓，使咸味相对增加。所以，无论在拌制生馅还是烹调熟馅时，口味都应比一般菜肴稍淡一些。

（4）熟馅的制作大多需勾芡

在对原料加热的过程中，通常会或多或少地产生水分，若不勾芡，熟制后水分过多，会给包捏成型造成困难。但熟馅勾芡并不是绝对的，也有少部分的熟馅制品不需要进行勾芡。

二、面坯的调制

面坯的调制是指将主料与辅料，采用工艺手段调制成面坯，使之适合制作面点的过程。由于各种面坯的用料不同，面坯的性质也不同。只有根据面坯的特性进行调制，运用不同的技术动作，才能使面坯符合下一步的制作要求。

1. 面坯调制的方法

面坯调制的方法主要有抄拌法、调和法、搅和法三种（表6-3），其中以抄拌法使用最广泛。

表 6-3　面坯调制的方法

方法	主要特点
抄拌法	◎ 适用于面粉数量较多的冷水面坯和发酵面坯等，是主要在面盆内进行操作的和面方法
调和法	◎ 适用于面粉数量较少的冷水面、烫面和油酥面坯等，是主要在案板上进行操作的和面方法
搅和法	◎ 适用于粉料较多，开水调制的面粉、米粉面坯或掺水量较多的面坯、面糊等，是主要在面缸、面盆内使用工具进行搅和的和面方法

2. 面坯调制的要求

（1）掺水要适当

掺水量应根据不同品种、不同季节和不同面坯而定；掺水时应根据粉料的吸水情况分几次掺入，而不是一次加入大量的水。

（2）动作迅速、干净利落

不论哪种和面方法都要投料吃水均匀，符合面坯的性质要求。和面以后，要做到手不粘面、面不粘缸（盆、案）、面坯表面光滑。

在面点制作工艺中，不论采用哪种和面方法，和好的面坯一般都要用干净的湿布盖上，以防止面坯表面干燥、结皮、裂缝。

三、成型的准备

成型的准备包括搓条、下剂、制皮等操作过程，如图 6-2 所示。

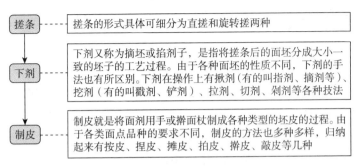

搓条	搓条的形式具体可细分为直搓和旋转搓两种
下剂	下剂又称为摘坯或揿剂子，是指将搓条后的面坯分成大小一致的坯子的工艺过程。由于各种面坯的性质不同，下剂的手法也有所区别。下剂在操作上有揪剂（有的叫指剂、摘剂等）、挖剂（有的叫戳剂、铲剂）、拉剂、切剂、剁剂等各种技法
制皮	制皮就是将面剂用手或擀面杖制成各种类型的坯皮的过程。由于各类面点品种的要求不同，制皮的方法也多种多样，归纳起来有按皮、捏皮、摊皮、拍皮、擀皮、敲皮等几种

图 6-2 成型的准备

四、成型

面点的成型，是按照面点制品形态的要求，运用各种方法，将各种调制好的面坯或坯皮制成形状各式各样，有馅或无馅生坯的过程。

手工成型的技法很多，常用的有搓、卷、包、捏、捅、切、削、拨、擀、叠、摊、按等，如图 6-3 所示。特别手法还有剪、滚粘、钳花等，也有许多面点品种需要复合成型，如先切后卷、先包后捏等。

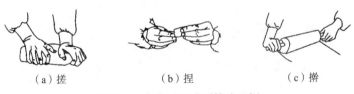

(a) 搓　　　　　(b) 捏　　　　　(c) 擀

图 6-3 常用手工成型技法示例

五、成熟

成熟即对成型的面点生坯（或原料）运用各种方法加热，使其在温度的作用下，发生一系列的变化，成为符合质量标准的熟制品，行业内称为熟制。

在面点制作中，熟制是多数面点品种的最后一道工序，也是十分重要的关键工序。熟制对于面点成品的质量能否达到标准起决定性作用，特别是熟制时的火候，对面点成品的质量有着直接的影响，如果火候掌握得当，能使面点成品既具有软酥、松脆等不同特色，又形态完整，色泽美观，口味纯正。因此，行业内常有"三成做，七成火"的说法。

模块 七

馅心制作

学习单元一　生甜馅的制作

中式面点馅心种类繁多，有甜有咸，有荤有素，有生有熟，不同面点品种的馅心风味也各具特色。馅心根据口味的不同，主要可分为甜馅、咸馅和复合味馅；根据原料种类的不同，大致可分为素馅、荤馅和荤素混合馅；根据制作方法的不同，可分为生馅、熟馅、生熟馅。以下着重介绍甜馅的制作工艺。

甜馅是指馅心的口味以甜为主，以糖为基本原料，再配以各种原料，采用不同的调味或烹制方法制成的馅心。根据加工工艺的不同，甜馅可分为生甜馅和熟甜馅两类。以下主要介绍生甜馅的制作。

一、生甜馅的选料和初加工

生甜馅多以糖和水果、干果、蜜饯及果仁等各种原料相互混合制作而成。这些原料如果保管和存放不当，特别容易受到虫害及鼠咬，进而引起原料受损害的部分产生霉烂变质现象。所以在选料时，应尽量选择质优的原料，注意去除已发生霉变的原料和泥沙等杂质。另外，在进行原料的初加工时要细致认真，像带有皮、壳、核等不能食用的部分要去除。例如，核桃要去壳、去皮；莲子要去掉外皮、苦心；大枣要去皮、去核等。

生甜馅原料的加工以细碎小料为好，一般分为泥蓉和碎粒两种。泥蓉是根据不同果料的特性，分别采取不同的加工方法，如蒸煮捣烂成泥，或搓擦、磨碾成泥（有的还需筛洗过滤），然后经过油炒、去水加糖以增加亮度、提升口味。碎粒就是斩细剁碎，有的原料在斩细剁碎之前，需经过水泡、油炸、炒熟等过程，如五仁馅等。

二、生甜馅的制作工艺

1. 工艺流程

生甜馅制作工艺流程如图 7-1 所示。

图 7-1 生甜馅制作工艺流程

2. 工艺要点

（1）选料。白糖中的绵白糖和细砂糖以及红糖、赤砂糖均可作为生甜馅的主料，但要根据不同制品的具体特点有选择性地使用。粉料选用面粉、米粉均可，面粉多选择低筋粉。油脂的使用也较为普遍，动物油脂中常用的有猪板油、熟猪油等，植物油脂中常用的有香油、胡麻油、豆油等，这些油脂都可根据糖馅的特点或地方风味来选用。

因为生甜馅的种类是根据所添加调配料的不同而形成的，所以在制作时多选用具有特殊香味的原料，如芝麻仁、玫瑰酱、桂花酱以及不同味型的香精、香料等。

（2）加工。存放过久的白糖、红糖质地容易变硬，必须擀细压碎。面粉、米粉需要烤熟或蒸熟，但要注意不可使其上色或出现变湿、变黏的情况。拌制生甜馅的油脂无须加热，多使用凉油，猪板油则须撕去脂皮，切成"筷头丁"大小。如果使用芝麻仁制馅，必须炒熟并略擀碎，香味才能溢出。

（3）配料。生甜馅是以糖、粉、油为基础，其比例通常为5：1.5：1。但有时因品种特点不同或地方习俗不同其比例也有差异。拌制不同类型的糖馅所加的各种调配料适量即可，如玫瑰酱、桂花酱以及各种香精因其香味浓郁，过量添加会适得其反。

（4）拌和成馅。将糖、粉拌和均匀后，放入油脂及调味料，然后搓擦均匀，若糖馅太干可适当加水。

三、生甜馅制作实例

扫码看视频

制作桂花白糖馅

1. 制作准备

用具准备

台秤	不锈钢盆
刀	油盆
保鲜膜	

配方原料

白砂糖	500 g	熟面粉	50 g
青红丝	25 g	糖桂花	15 g
植物油	30 g	水	适量

2. 制作步骤

桂花白糖馅的制作步骤如图 7-2 所示。

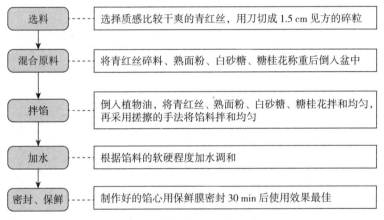

图 7-2　桂花白糖馅的制作步骤

3. 成品特点

（1）颜色为红、绿、白三色相间。

（2）口味甜。

（3）质感油润、稍有松散感。

（4）气味具有浓郁的桂花香味。

小贴士

※ 拌馅时加水不宜太多。

※ 若制作烤制品，馅内可多加 50 g 熟面，以免漏糖。

※ 可用猪板油代替植物油。

学习单元二　生素馅的制作

　　素馅是以新鲜蔬菜、干制菜或腌制菜等素料为主料制成的一种咸馅。此外，菇类、笋类、豆制品、鸡蛋等原料也常作为素馅的辅、配料使用。从加工工艺上说，素馅一般以生馅为主。

一、生素馅的制作工艺

　　生素馅多选用新鲜蔬菜作为主料，经加工、调味、拌和后制成馅心，具有鲜嫩、清香、爽口的特点。

1. 工艺流程

　　生素馅制作工艺流程如图 7-3 所示。

图 7-3　生素馅制作工艺流程

2. 工艺要点

　　（1）选料、择洗。根据所制面点馅心的特点要求，选择适宜的蔬菜，去根、皮或黄叶、老边后清洗干净。

　　（2）初加工。生素馅初加工主要有切、先切后剁、擦和擦剁结合、剁菜机加工等处理方法。

（3）去除水分和异质。新鲜蔬菜中水分含量较多，不宜直接使用，须在调味拌和前去除多余的水分。通常使用的方法有两种：一是在加工环节里在蔬菜中撒入适量盐，然后挤掉水分；二是蔬菜用开水焯烫后再挤掉水分。

（4）调味。去掉水分的蔬菜馅料较干散，不利于包捏，因此，在调味时应选用一些具有黏性的调味品和配料。

（5）拌和。馅料调味后拌和要均匀，但时间不宜过长，以防馅料出水。

二、生素馅制作实例

扫码看视频

制作韭菜鸡蛋馅

1.制作准备

用具准备

案台	炉灶
煸锅	台秤
盆	刀
小勺	油盆
木铲	纱布

配方原料

韭菜	500 g	鸡蛋	200 g
粉丝	50 g	老豆腐	100 g
虾皮	20 g	食盐	12 g
味精	6 g	胡椒粉	5 g
五香粉	8 g	鸡精	6 g
香油	适量	花椒油	适量

2. 制作步骤

韭菜鸡蛋馅的制作步骤如图 7-4 所示。

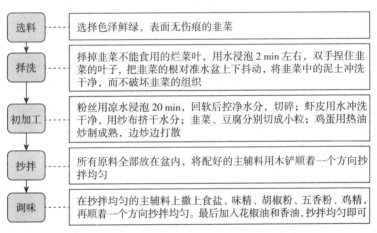

选料	-----	选择色泽鲜绿，表面无伤痕的韭菜
择洗		择掉韭菜不能食用的烂菜叶，用水浸泡 2 min 左右，双手捏住韭菜的叶子，把韭菜的根对准水盆上下抖动，将韭菜中的泥土冲洗干净，而不破坏韭菜的组织
初加工		粉丝用凉水浸泡 20 min，回软后控净水分，切碎；虾皮用水冲洗干净，用纱布挤干水分；韭菜、豆腐分别切成小粒；鸡蛋用热油炒制成熟，边炒边打散
抄拌		所有原料全部放在盆内，将配好的主辅料用木铲顺着一个方向抄拌均匀
调味		在抄拌均匀的主辅料上撒上食盐、味精、胡椒粉、五香粉、鸡精，再顺着一个方向抄拌均匀。最后加入花椒油和香油，抄拌均匀即可

图 7-4　韭菜鸡蛋馅的制作步骤

3. 成品特点

（1）颜色明亮艳丽。

（2）口味咸鲜适口。

（3）质感油润、松散、爽嫩。

（4）气味具有韭菜的辛香味。

小贴士

※ 韭菜清洗要采用冲洗的方法。

※ 韭菜只能切不能剁。

※ 抄拌馅心时要顺着一个方向。

学习单元三　生荤馅的制作

　　荤馅多用禽畜肉、水产品等为原料调制而成。用于荤馅的原料以新鲜、柔嫩为好。荤馅可分为生荤馅和熟荤馅两种，以下主要介绍生荤馅的制作。

一、生荤馅的制作工艺

　　生荤馅用料广泛，一般是以畜肉为主，配合禽类和水产类原料，形成多种多样的馅心。调制生荤馅时，一般要加水或掺冻（掺冻是指在馅心中直接掺入皮冻以产生鲜汤）和调味品，用力顺着一个方向搅拌上劲，馅心要求鲜香、肉嫩、多卤汁。

1. 工艺流程

生荤馅制作工艺流程如图 7-5 所示。

图 7-5　生荤馅制作工艺流程

2. 工艺要点

　　（1）选料。首先要根据原料的种类和部位，结合原料性质合理搭配。如猪肉馅应选用夹心肉，这个部位肉质细嫩，筋少且短，吃水多，胀发性好。

（2）调味。灵活使用调料，可用葱、姜、胡椒粉等去腥增香。馅心中使用的调料南北方各有不同，南方地区可适当增加糖的用量。

（3）加水或掺冻。掌握生荤馅正确的吃水量。如果是制作小笼包、汤包等馅心，在搅拌时可以适当掺入一些皮冻，具体用量可根据面点品种的需求与成品皮坯的性质而定。

二、生荤馅制作实例

扫码看视频

制作猪肉馅

1. 制作准备

用具准备	
案台	不锈钢盆
刀	小勺
油盆	木铲

配方原料			
猪肉	500 g	葱	15 g
姜	5 g	料酒	5 g
生抽	4 g	老抽	5 g

盐	5 g	白糖	3 g
胡椒粉	6 g	鸡粉	3 g
花椒	5 g	沸水	100 g
香油	10 g		

2. 制作步骤

猪肉馅的制作步骤如图 7-6 所示。

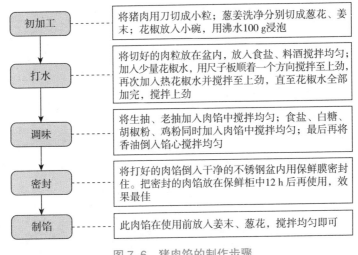

图 7-6　猪肉馅的制作步骤

3. 成品特点

（1）颜色为酱红色。

（2）口味咸鲜适口。

（3）质感松软、油润、滑嫩、不干、不硬、不柴。

（4）气味香而不腻。

小贴士

※ 猪肉用刀切碎或用粗眼绞肉机绞碎，否则馅心的吃水性不好，没有嚼劲。

※ 打水时要少量多次加入，否则馅心容易澥水。

※ 打水时顺着一个方向搅拌上劲。

学习单元四　生荤素馅的制作

　　荤素馅是将动物性原料与植物性原料及其制品配合，经加工、调味后，拌制或烹调而成的馅心。荤素混合的馅心使用广泛，口味也较为丰富，一般以生馅居多。

一、生荤素馅的制作工艺

　　生荤素馅是中式面点工艺中最常用的一类咸馅。几乎所有可食的畜禽类、蔬菜类原料均可相互搭配制作此类咸馅。其特点是口味协调、质感鲜嫩、香醇爽口。

1. 工艺流程

　　生荤素馅的制作工艺流程如图 7-7 所示。

图 7-7　生荤素馅的制作工艺流程

2. 工艺要点

　　（1）调制荤馅。选择合适的动物性原料经刀工处理后，按照调制生荤馅的操作要求调制成馅待用。

（2）加工蔬菜。蔬菜择洗干净后，无须去除水分的，如韭菜、茴香等可以直接切成细碎状。需要去除水分的，可以在切剁时撒一些盐，剁细碎后再用干净纱布包起来挤去水分。

（3）拌和成馅。将加工好的蔬菜末放入调好口味的荤馅内搅拌均匀即可。

二、生荤素馅制作实例

扫码看视频

制作羊肉萝卜馅

1. 制作准备

用具准备

案台	炉灶
煸锅	台秤
不锈钢盆	刀
小勺	油盆
木铲	纱布

配方原料

羊肉	500 g	象牙白萝卜	500 g
葱花	100 g	姜末	30 g

料酒	7 g	酱油	10 g
胡椒粉	6 g	白糖	3 g
精盐	10 g	味精	8 g
麻油	20 g		

2. 制作步骤

羊肉萝卜馅的制作步骤如图 7-8 所示。

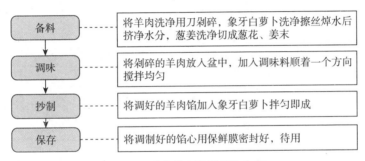

备料 ------ 将羊肉洗净用刀剁碎，象牙白萝卜洗净擦丝焯水后挤净水分，葱姜洗净切成葱花、姜末

调味 ------ 将剁碎的羊肉放入盆中，加入调味料顺着一个方向搅拌均匀

抄制 ------ 将调好的羊肉馅加入象牙白萝卜拌匀即成

保存 ------ 将调制好的馅心用保鲜膜密封好，待用

图 7-8　羊肉萝卜馅的制作步骤

3. 成品特点

（1）颜色有羊肉和萝卜的自然本色。

（2）口味咸香适口。

（3）质感黏滑、软嫩。

（4）气味有浓郁的肉香。

小贴士

※ 象牙白萝卜丝焯水过凉后要挤净水分。

模块 八

面坯调制

学习单元一　面坯调制工艺基础

　　面坯是指粮食类的粉料与水、油、蛋、糖以及其他辅料混合，经调制使粉粒互相黏结而形成的，用于制作面点半成品或成品的均匀的团、浆坯料的总称。面坯调制的主要目的是使各种原料混合均匀，发挥原材料在面点制作中应起的作用，并通过改变原材料的物理性质，如软硬、韧性、弹性、可塑性、延伸性等，满足制作面点制品的需要，为成型做准备。

　　面坯调制通常是面点制作的第一道工序，也是最基本的一道工序，基本操作包括配料、和面、揉面、饧面。其中，和面是面点制作的重要环节，和面质量直接影响面点工艺流程能否顺利进行及成品的质量。

一、和面的方法

　　和面是在粉制原料中加入水（或油、蛋、奶、糖浆等），经拌和使之成团。它是面点制作中的重要环节。和面的方法主要有手工和面与机器和面两种。常用的手工和面方法可分为抄拌法、调和法、搅和法三种，其中以抄拌法使用最广泛。

1. 抄拌法

　　（1）适用范围。适用于面粉数量较多的冷水面坯和发酵面坯等，主要在缸（盆）内进行操作。

（2）操作方法。将面粉放入缸（盆）中，中间开窝，第一次放入水（占总水量的 70%～80%），双手伸入缸（盆）中，从外向内，由下向上，反复抄拌，使面粉与水结合，呈花片状时加入第二次水（占总水量的 20%～30%），继续用双手抄拌成结块的状态，然后揉搓成团，达到"三光"（即面坯光、手光、容器光）的效果。

● 小贴士 ●

※ 和面时以粉推水，促使水、面粉迅速结合。

※ 双手按照从外向内，由下向上，反复抄拌的方法。

※ 根据面坯软硬的需要，掌握加水的次数和掺水量。

2. 调和法

（1）适用范围。适用于面粉数量较少的冷水面、烫面和油酥面坯等，主要在案板上进行操作。

（2）操作方法。将面粉放在案板上，开窝围成中薄边厚的圆形小坑，将水倒入中间，用刮板由内向外慢慢调和，使面粉与水结合呈雪片状后，再掺入适量水揉成面坯。

● 小贴士 ●

※ 面粉在案板上开窝挖小坑，左手掺水，右手用刮板由内向外慢慢调和。

※ 操作中手要灵活，动作要快，防止水溢出。

※ 根据面坯的要求，灵活控制掺水的比例和次数。

3.搅和法

（1）适用范围。适用于粉料较多，用开水调制的面粉、米粉面坯或掺水量较多的面坯或面糊等，主要在缸（盆）内使用工具进行搅和。

（2）操作方法。将粉料放在缸（盆）里，中间开窝掏坑（也可不开窝掏坑），左手浇水，右手使用工具搅和，边浇边搅，搅匀成团即可。

> **小贴士**
>
> ※ 调制烫面时，将开水浇在粉料中间，搅和要快，使水、面尽快混合均匀。
>
> ※ 调制掺水量较多的面坯或面糊时，要分次加水，顺着一个方向搅和。

二、和面的要求

（1）和面在操作时必须符合表8-1的要求。

表 8-1　和面的要求

要求	主要内容
姿势要正确	◎ 正确的和面姿势应该是：两脚自然分开，站成丁字步，站立端正，上身要适当前倾，以便于用力
掌握掺水比例	◎ 和面时掺水量的配比与面粉的干燥程度、气候的冷暖、空气的干湿度、水温的高低、面坯的性质和用途等方面有关，具体应该根据实际情况而定

要求	主要内容
手法要熟练	◎ 实际操作时，无论采用哪种手法，动作都要迅速、干净利落。这样粉料才会掺水均匀，不夹带粉粒。特别是烫面，如果动作慢了，不但掺水不均匀，而且容易生熟不均，成品内有白团块，影响成品的质量

（2）在调制冷水面坯和温水面坯时，应该采用分次（2～3次）加水的方法，使面粉慢慢吸水，面坯逐步上劲。掺水量要根据面坯的用途而定。水饺面坯一般是面粉500 g掺水150～175 g，春卷皮面坯掺水量为300～350 g。在调制热水面坯时，应该一次加足热水，保证水温把粉料烫透。在拌成雪花片状后淋上少许冷水揉成面坯。蒸饺、锅贴等面坯的掺水量为面粉500 g掺热水200 g左右。米粉面坯中的烫粉面坯是米粉500 g，掺水量为200 g左右。

学习单元二　水调面坯调制工艺

　　水调面坯是指直接用面粉和水调制而成的面坯。调制面坯时除了可加少量盐、碱外，一般不加其他辅料。水调面坯在不同的地域有不同的叫法，如水面、呆面、死面等。

　　根据面坯调制时所用水温的不同，水调面坯可以分为冷水面坯、温水面坯、热水面坯。

一、冷水面坯调制

1. 冷水面坯特性

　　冷水面坯使用的水温在 30 ℃左右，由于是以冷水和面，面筋质没有受到破坏，能够充分发挥作用。淀粉颗粒在冷水中不易溶解，吸水膨胀性差，因此面坯内部无空洞，体积不膨胀，面筋质较多，劲大而韧性强，制出的成品色洁白、爽口、筋道，不易破碎，适宜做煮、烙的制品，如面条、水饺、馄饨、单饼、盘丝饼等。

2. 冷水面坯调制工艺

　　（1）原料。面粉 500 g、盐 3 g、冷水适量（硬面 200 g，中面 250 g，软面 300 g）。

　　（2）调制。将面粉倒入盆中，中间拨开成窝，再将盐加入面粉中间，将冷水慢慢倒入中间拌匀，边倒水边搅拌，拌成面穗子后，将盆边搓净，用手揉至成团，再用湿布盖好，以防干皮。静置约 6 min 后，将饧过的面坯，再度揉至表面光滑即可使用。

3. 冷水面坯调制要领

冷水面坯调制要领见表 8-2。

表 8-2 冷水面坯调制要领

要领	主要内容
水温要适当	◎ 温度会影响面筋的生成量，30 ℃时最有利于面筋蛋白质吸水形成面筋。因此，冬季气温低时，调制冷水面坯可用微温的水；夏季气温高时，可掺入少量冰水来降低水温。另外，添加适量的盐，可增加面筋的强度和弹性，促使面坯组织紧密
掌握正确的加水量	◎ 加水量要根据成品需要而定，同时要根据面粉质量、温度、湿度等因素灵活掌握。面粉调制成团，不宜再加水或面粉来调节软硬，这样不仅浪费时间和人力，还会影响面坯质量。因此，配方水量要事先确定，总的原则是在保证成品软硬需要的前提下，根据各种因素加以调整
分次掺水，掌握好掺水比例	◎ 和面时，掺水要分次加入。因为一次掺水过多，粉料一时吸收不进去，易将水溢出，使粉料拌和不均匀。一般分 2 ～ 3 次掺水，第一次掺水量占总水量的 70% ～ 80%，第二次占 20% ～ 30%，第三次将剩余的少量水洒在面上。分次掺水可衡量所用粉料的吸水情况，第一次掺水和面时，要观察粉料吸水情况，若粉料吸不进水或吸水少时，第二次掺水要酌量减少

要领	主要内容
添加盐、碱可增强面坯筋力	◎ 冷水面坯中加入盐、碱都是为了增强面坯筋力，使面筋弹性、韧性和延伸性增强。面坯中加碱，会使制品带有碱味，同时使面坯出现淡黄色，并对面粉中的维生素有破坏作用，因此一般的面坯不用加碱而是加盐来增强面坯筋力。但擀制手工面、抻面等，常常既加盐，又加碱。因为加碱不仅可以强化面筋，还能增加面条的爽滑性，煮面条时不浑汤，吃时爽口不黏
加蛋可增强面坯韧性	◎ 冷水面中加入蛋液，可使面坯表现出更强的韧性，如馄饨、面条面坯中常用加蛋来增加其爽滑的口感，甚至用蛋液代替水和面制成金丝面、银丝面。由于蛋液中蛋白质含量高，暴露在空气中易失水变成凝胶和干凝胶，从而使面坯表面容易结壳，面条、馄饨皮发硬，故加蛋的冷水面坯应稍软
充分揉面	◎ 揉面可使各种原料混合均匀，并加速面粉中蛋白质与水的结合而形成面筋。另外，经过充分揉制的面坯，由于蛋白质结构得到规则伸展，可使面坯具有良好的弹性、韧性和延伸性。因此，调制冷水面坯时一定要充分揉搓，将面坯揉透，揉光滑。对于拉面、抻面，在揉面时还需有规则、有次序、有方向，使面筋网络变得规则有序。但揉面的时间也不是越长越好，揉久了面筋会衰竭、老化，弹性、韧性也会降低
充分饧面	◎ 面坯通过静置，可得到充分松弛而恢复良好的延伸性，更有利于进行下一道工序的制作

4. 冷水面坯制作实例

扫码看视频

制作手擀面条

（1）制作准备

用具准备

案板	面盆
长擀面杖	切刀
洁净湿布	

配方原料

面粉	500 g	30 ℃冷水	200 g

（2）制作步骤

手擀面条的制作步骤如图 8-1 所示。

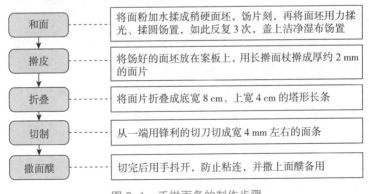

和面	将面粉加水揉成稍硬面坯，饧片刻，再将面坯用力揉光、揉圆饧置，如此反复 3 次，盖上洁净湿布饧置
擀皮	将饧好的面坯放在案板上，用长擀面杖擀成厚约 2 mm 的面片
折叠	将面片折叠成底宽 8 cm、上宽 4 cm 的塔形长条
切制	从一端用锋利的切刀切成宽 4 mm 左右的面条
撒面醭	切完后用手抖开，防止粘连，并撒上面醭备用

图 8-1　手擀面条的制作步骤

> **·小贴士·**
>
> ※ 面坯宜硬不宜软。
>
> ※ 擀制时要每擀一次撒一层面醭，防止粘连。

二、温水面坯调制

1. 温水面坯特性

温水面坯采用的水温一般在 50 ℃左右。温水面坯黏性、韧性和色泽介于冷水面坯和热水面坯之间，具有可塑性较强的特点，做出的成品不易走样，适宜做成型要求高的制品，如花色蒸饺、烙饼、烧卖等。

2. 温水面坯调制工艺

温水面坯调制方法是将面粉倒入盆内，加温水进行调制，手法与冷水面坯基本相同。但由于用这种方法调制的面坯一般较粘手，且适用的品种范围较小，因此在实际调制时，常采用先往面中加入50% ~ 70% 的沸水，用面杖拌匀，再加入其余部分的冷水将面和匀的方法。这种方法调制的面坯较软，具有可塑性且不粘手。行业里称其为半烫面、三生面。

（1）原料。面粉 500 g、盐 4 g、50 ℃温水 300 g。

（2）调制。将面粉放入盆中并加盐，逐次倒入 50 ℃左右的温水，拌和均匀，用力搓揉至表面光滑并成团后，用干净的湿布将面坯包好，静置约 10 min，再搓揉至面坯光滑即可。

3. 温水面坯调制要领

温水面坯调制要领见表 8-3。

表 8-3　温水面坯调制要领

要领	主要内容
水温、水量要准确	◎ 水温过高，会引起蛋白质明显变性，淀粉大量糊化，面坯筋力变弱，达不到温水面坯性质要求；水温过低，则蛋白质不变性，淀粉不膨胀、不糊化，面坯筋力过强，制作花色蒸饺等制品时造型困难，成品口感发硬，不够柔软。具体的水温、水量要根据面点品种的要求，并考虑气温等因素的影响灵活掌握，保证调制的面坯软硬适度
操作动作要快	◎ 气温较低时，水温、面坯温度会很快下降，如果操作动作过于缓慢，会使调制的面坯达不到要求
必须散去面坯内热气	◎ 用温水和面后，面坯有一定热度，热气聚集在面坯内部，易使淀粉继续膨胀、糊化，面坯会逐渐变软、变稀，甚至粘手，制品成型后易结壳，表面粗糙。因此，面坯和好后，要摊开或切成小块晾凉，使面坯中的热气散去，水分散失，淀粉不再继续吸水
静置饧面	◎ 散尽热气后，将面坯揉成团，加盖湿布或保鲜膜，静置片刻，待面坯松弛柔润后再制作成品

4. 温水面坯制作实例

扫码看视频

调制温水面坯

（1）制作准备

用具准备

案台	案板（或面盆）
电子秤	洁净湿布

配方原料

| 面粉 | 500 g | 50 ℃温水 | 225 g |

（2）制作步骤

调制温水面坯的步骤如图 8-2 所示。

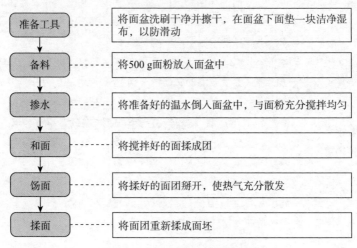

准备工具	-----	将面盆洗刷干净并擦干，在面盆下面垫一块洁净湿布，以防滑动
备料	-----	将500 g面粉放入面盆中
掺水	-----	将准备好的温水倒入面盆中，与面粉充分搅拌均匀
和面	-----	将搅拌好的面揉成团
饧面	-----	将揉好的面团掰开，使热气充分散发
揉面	-----	将面团重新揉成面坯

图 8-2　调制温水面坯的步骤

小贴士

※ 水温要掌握准确，一般以 50 ℃左右为宜。

※ 必须根据成品要求灵活掌握加水量。

※ 面坯掺水成团后有一定温度，必须将热气散尽。

※ 将面坯揉成团，加盖湿布或保鲜膜。

三、热水面坯调制

热水面坯又称烫面、开水面坯，是指用 80 ℃以上的热水调制面粉。此时，面粉中的蛋白质在这种温度下完全发生热变性，失去形成面筋的条件，淀粉也完全发生糊化现象，形成具有黏性的胶体性质，黏结其他成分形成面坯。

1. 热水面坯特性

热水面坯筋力差，可塑性强，用这种面坯制作包馅制品，上屉蒸时不易穿底露馅，还容易消化。热水面坯适宜做蒸、炸、烙、煎的制品，如烫面饺、炸糕、家常饼、荷叶饼等。

2. 热水面坯调制工艺

（1）工艺流程

热水面坯调制工艺流程如图 8-3 所示。

图 8-3　热水面坯调制工艺流程

（2）调制方法

根据制品对面坯性质的要求确定烫面工艺的工序。热水面坯的调制分为沸水浇入法和全烫面法两种（图 8-4）。

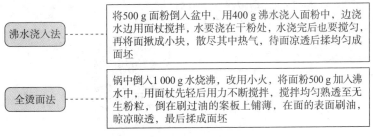

图 8-4　热水面坯的调制方法

（3）经验配方

1）沸水浇入法（家常饼或者蒸饺）：面粉 500 g，热水 350 ～ 400 g。

2）全烫面法（油炸糕）：面粉 500 g，开水 500 ～ 550 g。

3. 热水面坯调制要领

不论是全烫面还是半烫面，要求都是黏、柔、糯。热水面坯调制要领见表 8-4。

表 8-4　热水面坯调制要领

要领	主要内容
掺水量要准确	◎ 热水面坯调制时的掺水量要准确，水要一次掺足，不可在面成坯后调整，补面或补水均会影响面坯的质量，造成成品粘牙
热水要浇匀	◎ 热水与面粉要均匀混合，否则面坯内会出现生粉颗粒，影响成品质量
及时散发面坯中的热气	◎ 热水面烫好后，必须摊开冷却，再揉和成团。否则制出的成品表面粗糙，易结皮、开裂，严重影响成品质量
注意操作安全	◎ 烫面时，要用木棍或面杖搅拌，切不可直接用手，以防烫伤。面和好后，表面要刷一层油，防止表面结皮

4. 热水面坯制作实例

扫码看视频

炸烫面炸糕

（1）制作准备

用具准备

案板	面盆
炉灶	罗筛
油刷	电子秤
馅盆	擀面杖
刮板	油锅

配方原料

面粉	500 g	清水	800 g
泡打粉	2 g	白糖	150 g
花生油	500 g	熟面粉	30 g
桂花酱	10 g		

（2）制作步骤

炸烫面炸糕的制作步骤如图 8-5 所示。

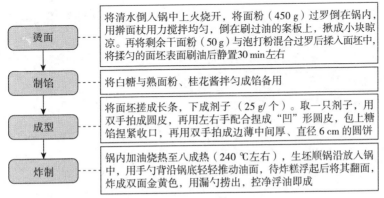

烫面	将清水倒入锅中上火烧开，将面粉（450 g）过罗倒在锅内，用擀面杖用力搅拌均匀，倒在刷过油的案板上，揿成小块晾凉。再将剩余干面粉（50 g）与泡打粉混合过罗后揉入面坯中，将揉匀的面坯表面刷油后静置30 min左右
制馅	将白糖与熟面粉、桂花酱拌匀成馅备用
成型	将面坯搓成长条，下成剂子（25 g/个）。取一只剂子，用双手拍成圆皮，再用左右手配合捏成"凹"形圆皮，包上糖馅捏紧收口，再用双手拍成边薄中间厚、直径6 cm的圆饼
炸制	锅内加油烧热至八成热（240 ℃左右），生坯顺锅沿放入锅中，用手勺背沿锅底轻轻推动油面，待炸糕浮起后将其翻面，炸成双面金黄色，用漏勺捞出，控净浮油即成

图 8-5　炸烫面炸糕的制作步骤

（3）成品特点

色泽金黄，外香酥、内软糯香甜。

小贴士

※ 面坯要烫熟、烫透，否则面坯会粘手，难以操作。

※ 烫面后，面坯要凉透再继续下一步的操作。

※ 饧面时，面坯表面要刷油，防止风干结皮。

学习单元三 膨松面坯调制工艺

一、生物膨松面坯

生物膨松面坯是指在面坯中放入酵母菌（或面肥），酵母菌在适当的温度、湿度等外界条件和自身淀粉酶的作用下，发生生物化学反应，使面坯充气，形成均匀、细密的海绵状结构的面坯，行业中常常称其为发酵面坯。

生物膨松面坯体积膨大疏松，结构细密、暄软，呈海绵状，味道香醇适口。

1. 生物膨松面坯的发酵特点

生物膨松面坯发酵是一个十分复杂的微生物学和生物化学变化的过程，正是这些变化构成了发酵制品的特色。面坯发酵的目的之一是通过发酵形成风味物质。在发酵中形成的风味物质见表 8-5。

表 8-5 在发酵中形成的风味物质

名称	具体特点
酒精	◎ 酒精是酵母酒精发酵产生的
有机酸	◎ 有机酸是由产酸菌发酵产生的。少量的酸有助于增加风味，但大量的酸就会影响风味
酯类	◎ 酯类是由酒精与有机酸反应生成的，使制品带有酯香

名称	具体特点
羰基化合物	◎ 羰基化合物包括醛类、酮类等。面粉中的脂肪或面坯配料中奶粉、奶油、动物油、植物油等油脂中的不饱和脂肪酸被面粉中的脂肪酶和空气中的氧气氧化成过氧化物，这些过氧化物又被酵母中的酶分解，生成复杂的醛类、酮类等羰基化合物，使发酵制品带有特殊芳香

2. 生物膨松面坯的调制工艺

生物膨松面坯是中式面点工艺中应用非常广泛的一类大众化面坯，我国各地根据本地区的情况，均有自己习惯的制作工艺方法，在下料上也略有不同。下面着重介绍几种常见的调制工艺方法（表8-6）。

表8-6　常见生物膨松面坯的调制工艺

名称	具体方法
压榨鲜酵母发酵	◎ 取20 g压榨鲜酵母，捏碎并加入适量温水，搅和成稀浆状，再加入1 000 g面粉，适量的水、糖和成面坯，静置饧发即可 ◎ 采用压榨鲜酵母发酵工艺应该注意两点：第一，稀浆状的发酵液不可久置，否则易酸败变质；第二，压榨鲜酵母不能与盐、高浓度的糖液、油脂直接接触，否则会因渗透压的作用破坏酵母细胞，影响面坯的正常发酵
活性干酵母发酵	◎ 将10 g干酵母溶于500 g温水中，加入10 g糖（或饴糖）、500 g面粉和成面坯，盖上一块干净的湿布，静置饧发，直接发酵

续表

名称	具体方法
面肥发酵	◎ 取面肥 50 g，倒入温水，和成均匀的面肥溶液，再加入 500 g 面粉混合均匀，揉和成面坯，静置饧发，直接发酵

表 8-6 中的生物膨松面坯在调制好后，可根据饧发时间的长短，分为嫩酵面、大酵面。

3. 生物膨松面坯调制的注意事项

生物膨松面坯调制的注意事项见表 8-7。

表 8-7　生物膨松面坯调制的注意事项

要点	具体方法
严格掌握酵母与面粉的比例	◎ 酵母的数量以面粉数量的 2% 左右为宜
严格掌握糖与面粉的比例	◎ 适量的糖可以为酵母菌的繁殖提供养分，促进面坯发酵。但糖的用量不能太多，因为糖的渗透压作用也会妨碍酵母繁殖，从而影响发酵
严格掌握水与面粉的比例	◎ 含水量多的软面坯，产气性好，持气性差；含水量少的硬面坯，持气性好，产气性差。所以水、面的比例以 1：1 为宜
根据气候情况采用合适的水温	◎ 温度对面坯的发酵影响很大，气温太低或太高都会影响面坯的发酵。冬季发酵面坯，可将水温适当提高；夏季则应该使用凉水
严格控制发酵温度	◎ 25 ~ 35 ℃是酵母发酵的理想温度。温度太低，酵母菌繁殖困难；温度太高，不但会使酶的活性加强，面坯的持气性变差，而且有利于乳酸菌、醋酸菌的繁殖，使制品酸性加重

4. 生物膨松面坯制作实例

扫码看视频

制作油盐花卷

（1）制作准备

用具准备

案板	炉具
电子秤	蒸锅
擀面杖	笼屉
刀	盘
油刷	刮刀

配方原料

中筋面粉	500 g	酵母	5 ~ 10 g
泡打粉	7.5 g	花生油	50 g
食盐	5 g	水	250 g

（2）制作步骤

油盐花卷的制作步骤如图 8-6 所示。

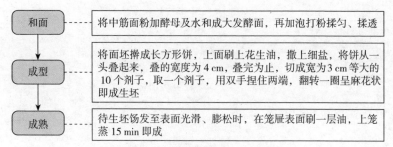

图 8-6　油盐花卷的制作步骤

（3）成品特点

暄软洁白，咸香味美。

小贴士

※ 调制面坯的水温约 30 ℃。

※ 擀制时用力要均匀，厚薄要一致。

※ 叠制时一定要有长度，造型才会美观。

※ 花卷大小可以灵活掌握，但必须注意根据需要来擀制坯皮，花
卷小，坯皮也要缩小并减薄，否则影响形态的美观。

二、化学膨松面坯

在面粉中掺入化学膨松剂，利用化学膨松剂的分解产气性质制
成的膨松面坯，称为化学膨松面坯。实际工作中，化学膨松面坯往
往还要添加一些辅料，如油、糖、蛋、乳等，使成品更具特色。

1. 化学膨松剂的特点

化学膨松剂又称化学膨胀剂、化学疏松剂。化学膨松剂是通
过化学反应产生气体使制品体积膨大疏松，内部形成均匀、致密
的多孔组织，从而使面点制品具有膨松、柔软或酥脆性等特点的
物质。

化学膨松剂不受重油、重糖、盐等辅料影响，在面坯中受热即
可发生化学反应，通常应用于糕点、饼干、酥点等以小麦粉为主的
炸、烤类面点制作中。化学膨松剂主要可分为两类，一类是碱性膨
松剂，如碳酸氢钠（小苏打）和碳酸氢铵（臭粉）；另一类是复合

膨松剂，如发酵粉（泡打粉）、油条精等。

面点制作中经常使用的化学膨松剂主要有碳酸氢钠（小苏打）、碳酸氢铵（臭粉）和发酵粉（泡打粉）三种（表8-8）。

表8-8　常用化学膨松剂分类

名称	理化性质
碳酸氢钠	◎ 碳酸氢钠俗称小苏打、食粉，呈白色粉末状，味微咸，无臭味；在潮湿或热空气中缓慢分解，放出二氧化碳，分解温度为60 ℃，加热至270 ℃时失去全部二氧化碳，水溶液呈弱碱性
碳酸氢铵	◎ 碳酸氢铵俗称臭粉、臭起子，呈白色粉状结晶，有氨臭味；对热不稳定，在60 ℃以上迅速挥发，分解出氨、二氧化碳和水，易溶于水，稍有吸湿性，水溶液呈碱性
发酵粉	◎ 发酵粉也称泡打粉，是由酸剂、碱剂和填充剂组合而成的一种复合膨松剂。发酵粉呈白色粉末状，无异味，由于添加有甜味剂，略有甜味；在冷水中分解，放出二氧化碳；水溶液基本呈中性，二氧化碳散失后，略显碱性

2. 化学膨松面坯的特性

化学膨松面坯虽然在使用膨松剂的种类上、在辅料的下料比例上（油、糖、蛋、面的比例）、在产品的成型方法上各有不同，但使面坯膨松的基本原理却是一致的。

化学膨松面坯成品疏松多孔，呈蜂窝或海绵状组织结构。一般成品呈蜂窝状组织结构的点心，口感酥脆浓香；成品呈海绵状组织结构的点心，口感暄软清香。

3. 影响化学膨松面坯调制的因素

（1）准确掌握各种化学膨松剂的用量。小苏打的用量一般为面粉的 1% ～ 2%，臭粉的用量为面粉的 0.5% ～ 1%，发酵粉根据面点制品的性质和使用要求，按面粉的 3% ～ 5% 掌握用量。

（2）调制面坯时，若化学膨松剂需用水溶解，应使用凉水化开，避免使用热水，化学膨松剂过早受热会分解出部分二氧化碳，从而降低膨松效果。

（3）手工调制化学膨松面坯，必须采用复叠的工艺手法。

（4）和面时，要将面坯和匀、和透。如果化学膨松剂分布不匀，成品易带有斑点，影响成品质量。

4. 化学膨松面坯的调制工艺

化学膨松面坯使用的化学膨松剂不同，其工艺方法也不同，日常一般分为泡打粉类和明矾、碱、盐类两种。

（1）泡打粉类面坯调制工艺。将定量的面粉与化学膨松剂（泡打粉、臭粉、小苏打）搅拌均匀，一起过筛后放入面盆内，中间开窝，将其他辅料（油、糖、蛋、乳、水）搅拌乳化后，倒入窝内，再拨入面粉混合，抄拌均匀，反复叠压调制成团。

由于这类面坯含油、糖、蛋较多，且具有疏松、酥脆、不分层的特点，因而行业里又称其为"混酥"或"硬酥"。手工调制这类面坯时，一般采用叠压式的方法，过度揉搓会使面坯上劲、起筋，从而影响成品质量。

（2）明矾、碱、盐类面坯调制工艺。先将明矾碾拍成细末，将明矾与盐倒入盆内，加适量水，使明矾、盐完全溶化，再将其余部分的水与碱面溶化后倒入明矾、盐溶液内，搅拌均匀后再将面粉倒入盆内，用拌、叠、揿等手法将面调制成面坯（明矾 : 盐 : 碱 = 2 : 1 : 1）。明矾、碱、盐面坯主要用于油炸类食品，虽然它是我国传统的面坯膨松方法，且其具有很强的膨松性和酥脆感，但是有资料表明，人们如果食用过多含有明矾的食品，其中的金属铝成分可能会导致中枢神经反应迟缓，所以这类面坯有被逐渐淘汰的趋势。

5. 调制化学膨松面坯注意事项

调制化学膨松面坯，使用的是化学膨松剂，因此要注意以下事项（表8-9）。

表8-9　调制化学膨松面坯注意事项

注意事项	有关概述
准确掌握各种化学膨松剂的使用量	◎ 目前使用的化学膨松剂，膨松效率较高，操作时必须谨慎。小苏打的用量一般为面粉的1%～2%，臭粉的用量为面粉的0.5%～1%，泡打粉可按面粉的3%～5%的比例掌握用量
注意水温	◎ 调制面坯时，化学膨松剂须用凉水化开，不宜使用热水，否则，化学膨松剂受热会加速分解，从而降低膨松效果
注意和面程度	◎ 和面坯时，要将面坯和匀、和透，否则化学膨松剂分布不匀，成品易带有斑点，影响成品质量

6. 化学膨松面坯制作实例

扫码看视频

调制油条面坯

（1）制作准备

用具准备

案台	面盆
电子秤	罗筛
保鲜膜	盆
湿布	

配方原料

低筋面粉	500 g	高筋面粉	350 g
盐	16 g	小苏打	3 g
臭粉	4 g	泡打粉	27 g
碱水	5 g	水	600 g
花生油	100 g		

（2）制作步骤

调制油条面坯的步骤如图 8-7 所示。

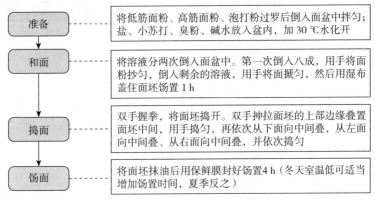

准备 —— 将低筋面粉、高筋面粉、泡打粉过罗后倒入面盆中拌匀；盐、小苏打、臭粉、碱水放入盆内，加 30 ℃水化开

和面 —— 将溶液分两次倒入面盆中。第一次倒入八成，用手将面粉抄匀，倒入剩余的溶液，用手将面搋匀，然后用湿布盖住面坯饧置 1 h

捣面 —— 双手握拳，将面坯捣开。双手抻拉面坯的上部边缘叠置面坯中间，用手捣匀，再依次从下面向中间叠、从左面向中间叠、从右面向中间叠，并依次捣匀

饧面 —— 将面坯抹油后用保鲜膜封好饧置4 h（冬天室温低可适当增加饧置时间，夏季反之）

图 8-7 调制油条面坯的步骤

（3）成品特点

面坯柔软、滋润、光滑，有弹性、韧性、延伸性。

小贴士

※ 水要分多次放入，要反复将面搋捣均匀，直至面坯光滑柔软。

※ 面坯必须饧透，饧置较长时间才可使用。

※ 饧面时注意防风干。最后饧面时要抹上油并用保鲜膜封好。

三、物理膨松面坯

物理膨松面坯是指利用鸡蛋的起泡性和油脂的打发性，经高速搅拌后打进气体和保持气体的性能，然后与面粉等原料混合调制而成的糊状面坯，经加热熟制，面坯所含气体受热膨胀，使制品膨大松软。物理膨松面坯根据调搅介质不同，可分为蛋泡面糊和油蛋面糊两类（表 8-10）。

表 8-10　物理膨松面坯分类

名称	具体特点
蛋泡面糊	◎ 蛋泡面糊以鲜蛋为调搅介质，经高速搅拌后加入面粉等原料调制而成，其代表作品为各种海绵蛋糕
油蛋面糊	◎ 油蛋面糊以油脂为调搅介质，通过高速搅拌，然后加入面粉、鲜蛋等原料调制而成，其代表作品为各式油脂蛋糕

1.影响蛋泡面糊形成的因素

蛋浆打发过程中，随着气泡逐渐增加，浆料的体积和稠度也逐渐增加，直到增加到最大体积。如果继续搅拌，由于气泡的破裂，浆料的体积反而会缩小。为了安全起见，搅拌的最佳程度应控制在接近最大体积时便停止搅拌。因此，在蛋泡面糊调制中，对浆料打发程度的判断是至关重要的，否则会导致浆料打发不足或打发过度，从而影响到成品的外观、体积与质地。另外，还有其他一些因素会影响蛋泡面糊的形成。

（1）黏度。黏度对蛋泡的稳定影响很大，黏度大的物质有助于泡沫的形成与稳定。因为蛋白具有一定的黏度，所以打起的泡沫比较稳定。打蛋过程中形成的蛋白泡沫是否稳定，影响蛋泡充入的空气量及蛋糕制品的膨松度。蛋白虽然具有一定黏度，对稳定气泡起着重要作用，但仅仅依靠蛋白黏度来稳定气泡是不够的。由于糖本身具有很高的黏度，因此在打蛋过程中要加入大量蔗糖，目的是提高蛋液的黏稠度，提高蛋白气泡的稳定性，便于充入更多的气体。在配方中加入不同量的糖，其作用也不同。蛋和糖之间的比例是否恰当，对打蛋效果及最终产品质量有着直接影响（表 8-11）。

表 8-11　蛋和糖不同比例的影响

蛋和糖的比例	具体影响
蛋糖比例 1：1	◎ 蛋糖比例为 1：1 时效果最好，蛋泡稳定，蛋糕体积大
糖的比例小于蛋	◎ 当糖的比例小于蛋时，打蛋时间延长，蛋泡稳定性降低，蛋糕体积缩小，口感坚韧
糖的比例大于蛋	◎ 当糖的比例大于蛋时，蛋液黏稠度过大，形成的气泡很重，不能吸入充足的空气，蛋糕组织不均匀、不紧密

（2）蛋的质量。新鲜蛋和陈旧蛋的起泡性有明显不同。新鲜蛋具有良好的起泡性，而陈旧蛋的起泡性差，气泡不稳定。这是因为随着储存时间的延长，蛋中的浓厚蛋白减少，稀薄蛋白增多，蛋白的表面张力下降，黏度降低，影响了起泡性。

（3）pH 值。pH 值对蛋白泡沫的形成和稳定性影响很大。pH 值偏碱性，蛋白不起泡或气泡不稳定。在实际打蛋过程中，往往加一些酸（如柠檬酸、醋酸等）、酸性物质（如塔塔粉）和碱性物质（如小苏打），就是要调节蛋液的 pH 值，以利于蛋白起泡。

（4）温度。各原料的温度对蛋泡的形成和稳定性影响很大。蛋、糖温度较低时，蛋液黏稠度大，蛋液不易打发，打发所需时间长；

蛋、糖温度较高时，蛋液黏稠度较低，蛋泡稳定性差，蛋液容易变澥。新鲜蛋白在 30 ℃时起泡性能最好，黏度也最稳定。

（5）油脂。油脂是一种消泡剂。因为油脂具有较大的表面张力，而蛋液气泡膜很薄，当油脂接触到蛋液气泡时，油脂的表面张力大于蛋液气泡膜本身的延伸力而将蛋液气泡膜拉断，气体从断口处很快冲出，气泡立即消失。所以打蛋时用具一定要清洗干净，不要沾有油污。打蛋白时，要将蛋黄去净，否则蛋黄中含有的油脂会影响蛋白起泡。油脂又是最具柔性的材料，加在蛋糕中可以增加蛋糕的柔软度，提高蛋糕的品质，使其更加柔软适口。因此为了解决这种矛盾，通常在拌粉后或面糊打发后加入油脂，既减少油脂对蛋泡的消泡性，又起到降低蛋糕韧性的作用。油脂的添加量不宜超过总量的 20%，以流质油为好，若是固体奶油，则应在熔化后加入。

（6）蛋糕乳化剂。搅拌蛋液时加入蛋糕乳化剂，可以使液体和气体的接触面积增大，蛋液气泡膜的机械强度增加，有利于蛋液发泡和泡沫的稳定，同时还能使蛋泡膨松面坯中的气泡分布均匀，使蛋糕制品的组织结构和质地更加细腻、均匀。使用蛋糕乳化剂后，蛋泡膨松面坯的搅拌时间可大大缩短，从而简化了生产工艺。

（7）打蛋方式、速度和时间。无论是人工搅拌还是机器搅拌，都要自始至终保持一个方向。搅拌蛋液时，开始阶段应采用快速搅拌，在最后阶段应改用中慢速搅拌，这样可以使蛋液中保持较多的空气，而且分布均匀。打蛋速度和时间还应视蛋的品质和气温变化而异，蛋液黏度低，气温较高，搅拌速度应快，时间要短；反之，搅拌速度要慢，时间要长。搅拌时间太短，蛋液中充气不足，空气分布不匀，起泡性差，做出的蛋糕体积小；搅拌时间太长，蛋白质胶体黏稠度降低，蛋白膜易破裂，气泡不稳定，易造成打起的蛋泡发澥；若使用乳化法搅拌工艺，搅拌时间过长，易使面坯充气过多，比重过小，烘烤的蛋糕容易收缩塌陷。因此，要严格掌握好打蛋时间。

（8）面粉的质量。制作蛋糕的面粉应选用以筋力弱的软麦制成的蛋糕专用粉或低筋面粉，面粉筋力过高，易造成面坯生筋，影响蛋糕膨松度，使蛋糕变得僵硬、粗糙、体积小。

2. 物理膨松面坯的调制工艺

物理膨松面坯的调制方法根据用料及搅拌方式的不同可分为传统糖蛋搅拌法、分蛋搅拌法和乳化搅拌法三种（表 8-12）。

表 8-12　物理膨松面坯的调制方法

调制方法	有关概述
传统糖蛋搅拌法	◎ 传统糖蛋搅拌法是海绵蛋糕制作最传统的面糊调制方式。首先将蛋液与白砂糖一起搅拌，起发后加入面粉等原料调制成面糊；然后装盘或装模进行熟制，制成品体积膨大，蛋香浓郁，内部气孔组织略显粗糙
分蛋搅拌法	◎ 分蛋搅拌法是一种改良的传统工艺，将蛋白和蛋黄分开，每一部分都加入一定量的糖，分别搅拌，再混合在一起，然后加入筛过的面粉。这种方法特别适合松软的海绵蛋糕的制作
乳化搅拌法	◎ 随着蛋糕乳化剂（俗称蛋糕油）的出现，蛋泡膨松面坯的调制工艺有了较大改变。乳化搅拌法也称一步法，由于配方中添加了蛋糕乳化剂，所有原料基本上是在同一阶段被搅拌混合在一起的。以乳化搅拌法制作的海绵蛋糕也被称为乳化海绵蛋糕。使用乳化搅拌法工艺，蛋液容易打发，缩短了打蛋时间，可以适当减少蛋和糖的用量，面坯中可以补充较多的水分和油脂，使蛋糕更加柔软，冷却后不易发干。蛋糕内部组织细腻，气孔细小均匀、弹性好。但是乳化剂用量过多会降低蛋糕的风味，乳化搅拌法工艺特别适合大量生产，制作各种清蛋糕、卷筒蛋糕等

学习单元四　层酥面坯调制工艺

　　层酥面坯是由面粉、水、油脂、蛋液等原料调制而成的具有一定筋力和延伸性的面坯。最常用的层酥面坯是水油酥，其制品的酥层有明酥、暗酥、半暗酥等，品种花式繁多，层次分明、清晰，成熟方法以油炸为主，常用于精细面点的制作。

一、层酥面坯起酥分层的原理

　　层酥面坯中的酥心大多由油脂和面粉构成，面坯没有筋性，但可塑性很好。油脂是一种胶体物质，具有一定的黏性和表面张力，当油脂与面粉混合调制时，油脂便将面粉颗粒包围起来，并黏结在一起。但因油脂的表面张力强，不易流散，油脂与面粉不易混合均匀，经过反复地"擦"，扩大了油脂与面粉颗粒的接触面，油脂便均匀地分布在面粉颗粒的周围，并通过其黏性，将面粉颗粒彼此黏结在一起，从而形成面坯。

　　以最常用的水油酥为例，可以进一步了解层酥面坯的形成及特性。调制水油酥面坯时，先将配料中的水和油脂混合乳化，再与面粉混合调制成团。面粉中的蛋白质与水相遇结合形成面筋，使面坯具有一定的弹性和韧性，而油脂以油膜的形式作为隔离介质分散在面筋之间，限制了面筋的形成，但能使面坯表面光滑、柔韧。即使在和面、调面过程中形成了一些面筋碎块，也会由于油脂的隔离作用不能彼此黏结在一起形成大块面筋，最终使得面坯弹性降低，而可塑性和延伸性增强。

面点制品之所以能起层，关键在于水油酥面坯和干油酥面坯性质的不同（表8-13）。当水油酥面坯包住干油酥面坯经过擀、叠、卷后，使得两块面坯均匀地互相间隔叠排在一起，形成有一定间隔层次的坯料。当坯料在加热时（特别是油炸），由于油脂的隔离作用，干油酥面坯中的面粉颗粒随油脂温度上升，黏性下降便会从坯料中散落出来，使得干油酥面坯的空隙增大。而此时水油酥面坯受热后，由于水和蛋白质形成的面筋网络组织受热变性凝固，并同淀粉受热糊化失水后结合在一起，变硬形成片状组织，这样在坯料的横截面便出现层次，同时也形成了酥松、香脆的口感。

表8-13　水油酥面坯和干油酥面坯的差异

名称	性质特点
水油酥面坯	◎ 水油酥面坯具有一定的筋性和延伸性，可以进行擀制、成型和包捏
干油酥面坯	◎ 干油酥面坯性质松散，没有筋性，但作为酥心包在水油酥面坯中，也可以被擀制、成型和包捏

二、层酥面坯的调制

1. 配方原料

（1）水油酥面坯：面粉300 g、油脂70 g、凉水165 g。
（2）干油酥面坯：面粉200 g、油脂100 g。

2. 调制方法

水油酥面坯及干油酥面坯的调制方法如图8-8所示。

| 水油酥面坯 |---- 将一定比例的面粉、油脂放入盆中,逐次加水和制成软的面坯,稍饧后,用力揉搓待面筋形成,面坯光洁后饧面备用 |

| 干油酥面坯 |---- 将干油酥面坯原料按比例放置在案板上混合后,用手掌根用力搓擦成团备用 |

图 8-8 水油酥面坯及干油酥面坯的调制方法

小贴士

※ 水油酥面坯调制时用水的比例要适当,不可过软或过硬。

※ 水油酥面坯与干油酥面坯的软硬要一致。

※ 水油酥面坯必须揉光揉匀。

※ 干油酥面坯要搓透。

3.影响水油酥面坯品质的因素

(1)水、油要充分搅匀。水、油混合越充分乳化效果越好,油脂在面坯中的分布越均匀,这样的面坯才细腻、光滑、柔韧,具有较好的筋性和良好的延伸性、可塑性。若水、油分别加入面粉中和面,会影响面粉与水和油的结合,造成面坯筋性不一,酥性不匀。

(2)粉、水、油三者的比例。粉、水、油三者的比例合适,可使面坯既有较好的延伸性,又有一定的酥性。如果水量多、油量少,成品就太硬实,"酥"性不够;相反,如果油量多、水量少,则面坯因"酥"性太大而操作困难。而粉、水、油三者的比例除了与品种特点要求有关外,与原材料的性质也有极大关系。当面粉筋度较高时,配料中的油脂用量也需要增加,水量适当减少,才能使调制出的面坯有适宜的筋度和软硬度;相反,当面粉筋度较低时,则应减少油脂用量,略增加水量。水油酥面坯中粉、水、油的经验配比为

100 ： 55 ： 25。

（3）水温、油温要适当。水、油温度的控制应根据成品要求而定，一般来说，成品要求"酥"性大的面坯则水温可高些，如苏式月饼的水油酥面坯可用开水调制，而要求成品起层效果好的面点则面坯的水温可低些，可控制在 30 ～ 40 ℃。水温过高，由于淀粉的糊化，面筋质降低，使面坯黏性增加，操作困难；相反，水温过低会影响面筋的胀润度，使面坯筋性过强，延伸性降低，造成起层困难。

（4）辅料的影响。一般水油酥面坯配方中仅有面粉、油、水。但根据品种需要可以添加鸡蛋、白糖、饴糖等。鸡蛋中含有磷脂，可以促进水、油乳化，使调制出的面坯光洁、细腻、柔韧。饴糖中含有糊精，糊精具有黏稠性，可起到促进水、油乳化的作用，同时饴糖能改善制品的皮色。

（5）水油酥面坯要充分揉匀，备用面坯要盖上湿布（或保鲜膜）。水油酥面坯成团时要充分揉匀、揉透，并要盖上湿布（或保鲜膜）静置饧面，保证面坯有较好的延伸性，便于包酥、起层。

4.影响干油酥面坯的因素

（1）要选用合适的油脂。不同的油脂调制成的干油酥面坯性质不同。一般以动物油脂为好。动物油脂的熔点高，常温下为固态，凝结性好，润滑面积较大，结合空气的能力强，起酥性好。植物油脂在面坯中多呈球状，润滑面积较小，结合空气量较少，故起酥性稍差。同时还要注意油温的控制，一般为冷油。

（2）控制粉、油的比例。干油酥面坯的用油量较高，一般占面粉的 50% 左右，油量的多少直接影响制品的质量。用量过多，成品酥层易碎；用量过少，成品不酥松。粉、油比例与油脂种类、气温高低有关。油脂凝固点越高，硬度（稠度）越大，在干油酥面坯中的用量也就越高，这样才能保证有适宜的软硬度；相反，则应减少用量。当气温偏高、油脂软化时，面坯中油脂的用量应减少。

（3）面坯要擦匀。因干油酥面坯没有筋性，加之油脂的黏性较差，故为增加面坯的润滑性和黏结性，保证充分成团，只能采用"擦"的调面方法。

（4）干油酥面坯的软硬度应与水油酥面坯一致。否则，面坯一硬一软，会造成面坯层次厚薄不匀，甚至产生破酥的现象。

5. 影响开酥的因素

（1）水油酥面坯和干油酥面坯的比例要适当。酥皮和酥心的比例是否适当，直接影响成品的外形和口感。若干油酥面坯过多，擀制就困难，而且易破酥、漏馅，成熟时易碎；水油酥面坯过多，易造成酥层不清，成品不酥松，达不到成品的质量要求。

（2）水油酥面坯和干油酥面坯要软硬一致。若干油酥面坯过硬，起层时易破酥；若干油酥面坯过软，则擀制时干油酥面坯会向边缘堆积，造成酥层不匀，影响制品起层效果。

（3）经包酥后，作为酥心的干油酥面坯应居中，作为酥皮的水油酥面坯的四周应厚薄均匀一致。

（4）擀制时用力要均匀，使酥皮厚薄一致。擀面时用力要轻而稳，不可用力太重，擀制不宜太薄，避免产生破酥、乱酥、并酥的现象。

（5）擀制时要尽量少用干粉。干粉用得过多，一方面会加速面坯变硬，另一方面由于粘在面坯表面，会影响成品层次的清晰度，使酥层变得粗糙，还会造成制品在熟制（油炸）过程中出现散架、破碎的现象。

（6）所擀制的薄坯厚薄要适当、均匀，卷、叠要紧，否则酥层之间黏结不牢，易造成酥皮分离、脱壳。

三、层酥面坯调制注意事项

层酥面坯调制注意事项见表 8-14。

表 8-14　层酥面坯调制注意事项

注意事项	具体内容
保证油、面粉比例合适	◎ 调制时，如果用油量过多，会影响与干油酥之间的分层作用，并使酥皮容易破碎或漏馅；如果用油量少，制成的坯皮就会僵硬、空实，不酥松
保证水、面粉比例合适	◎ 用水量少，面坯生成的面筋就少，面坯的弹性、韧性、延伸性就差，这不仅使其与干油酥的分层作用变差，还不利于制品造型；用水量多，制品酥松性差。配料时除称准数量外，还可以用感官进行检验。将手指插入面坯内立即抽出，手指上有油光，不粘手，说明面坯已达到要求
反复搓揉	◎ 因为水油酥面坯内含有水分与油分，所以制作水油酥面坯时要反复搓揉搓透，否则面坯容易粘手，制成的成品容易产生裂缝
注意饧面	◎ 水油酥揉成面坯后要盖上湿布，静饧 10 min，一方面可防止皱皮和破裂，另一方面可使面坯形成面筋

四、层酥面坯制作实例

扫码看视频

佛手酥成型

（1）制作准备

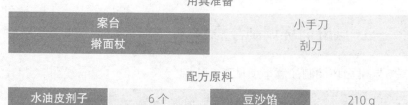

用具准备

案台	小手刀
擀面杖	刮刀

配方原料

水油皮剂子	6个	豆沙馅	210 g

（2）制作步骤

佛手酥成型的制作步骤（图8-9）。

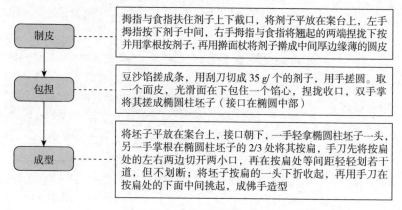

制皮 ----- 拇指与食指扶住剂子上下截口，将剂子平放在案台上，左手拇指按下剂子中间，右手拇指与食指将翘起的两端捏拢下按并用掌根按剂子，再用擀面杖将剂子擀成中间厚边缘薄的圆皮

包捏 ----- 豆沙馅搓成条，用刮刀切成35 g/个的剂子，用手搓圆。取一个面皮，光滑面在下包住一个馅心，捏拢收口，双手掌将其搓成椭圆柱坯子（接口在椭圆中部）

成型 ----- 将坯子平放在案台上，接口朝下，一手轻拿椭圆柱坯子一头，另一手掌根在椭圆柱坯子的2/3处将其按扁，手刀先将按扁处的左右两边切开两小口，再在按扁处等间距轻轻划若干道，但不划断；将坯子按扁的一头下折收起，再用手刀在按扁处的下面中间挑起，成佛手造型

图8-9　佛手酥成型的制作步骤

（3）成品特点

造型形象逼真，佛指均匀整齐。

· 小贴士 ·

※ 馅心与面坯软硬要一致。如果馅软面硬，烤制后馅心容易从佛手指缝中流出，影响造型。

※ 手刀划口间距要一致，否则佛手手指粗细不均匀。

学习单元五　米粉面坯调制工艺

米粉面坯根据调制方式的不同，可以大致分为三种：糕类粉坯、团类粉坯和发酵粉坯。其中，糕类粉坯是指以糯米粉、粳米粉、籼米粉加水或糖（糖浆、糖汁）拌和而成的粉团。糕类粉坯一般可分为两类：松质糕粉坯、黏质糕粉坯。

一、松质糕粉坯的调制

1. 松质糕粉坯的特点

松质糕粉坯是由糯米粉、粳米粉按比例掺和而成的混合米粉，加水或糖（糖浆、糖汁）拌和成松散的湿粉粒状面坯。百果松糕、定胜糕、桂花糖糕等均属于松质糕粉坯制品。松质糕的制作工艺通常是先成型后成熟，成品一般多孔、松软、无弹性、无韧性、可塑性差、口感松散，大多为甜味或甜馅品种。

2. 松质糕粉坯掺粉的作用、形式与方法

掺粉又叫镶粉，是将不同品种、不同等级的米粉掺和在一起或将米粉与其他粮食粉料（如面粉、杂粮粉）掺和在一起，使制品软糯适中，互补各自不足的一种方法。不同品种和不同等级的米粉，其软、硬、粳、糯程度差异很大，为使制品软糯适度，改善粉坯的

操作工艺性能，增进风味，提高营养价值，常使用各种掺粉。

（1）掺粉的作用

掺粉的作用见表 8-15。

表 8-15　掺粉的作用

作用	具体内容
改善粉料性能，提高成品质量	◎ 通过粉料掺和使粉质软硬适中，改善粉团工艺性能，便于成型包捏，熟制后保证成品形态美观，不走样、不软塌，口感滑爽，软糯适度
扩大粉料用途，增进制品风味特色，丰富花色品种	◎ 通过粉料的掺和使用，可扩大各种粉料的使用范围。米粉与米粉掺和、米粉与其他粮食粉料掺和，可改善制品的口感，增加制品的风味特色，丰富花色品种
提高制品营养价值	◎ 多种粮食混合使用，可使其中不同品质的蛋白质起到互补的作用，如豆类蛋白质含量很高，因此，将豆类与谷类混合使用，可大大提高谷类的营养价值

（2）掺粉的形式

掺粉的形式见表 8-16。

表 8-16　掺粉的形式

形式	具体内容
米粉和米粉的掺和	◎ 主要是糯米粉和粳米粉掺和，这种混合粉料用途最广，适宜制作各种松质糕、黏质糕、汤团等。成品软糯、韧滑爽口。掺和比例要根据米的质量及制作的品种而定

形式	具体内容
米粉和面粉的掺和	◎ 米粉中加入面粉能使粉坯中含有面筋质。如糯米粉中掺入适当的面粉，其性质糯滑而有劲，成品挺括不易走样。如果糯、粳镶粉中加入面粉成为三合粉料，其制成品软糯，不走样，能捏做各种形态成品
米粉和杂粮粉的掺和	◎ 用米粉和玉米粉、小米粉、高粱粉、豆类粉、薯泥、南瓜泥等掺和使用，可制成各种特色面点

（3）掺粉的方法

掺粉的方法见表8-17。

表8-17　掺粉的方法

方法	具体内容
用米的掺和法	◎ 在磨粉前，将几种米按成品要求以适当比例掺和制成粉，即成掺和粉料。湿磨粉和水磨粉一般都用这种方法掺和
用粉的掺和法	◎ 在调制粉团前，将所需粉料按比例混合在一起。一般干磨粉、米粉与面粉、米粉与杂粮粉用这种方法掺和

3. 松质糕粉坯调制工艺

松质糕粉坯根据口味分为白糕粉坯（用清水拌和不加任何调味料调制而成的粉坯）和糖糕粉坯（用水、糖或糖浆拌和而成的粉坯）；根据颜色分为本色糕粉坯和有色糕粉坯（如加入红曲粉调制而成的红色糕粉坯）。

（1）工艺流程

松质糕粉坯调制工艺流程如图 8-10 所示。

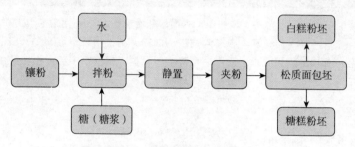

图 8-10　松质糕粉坯调制工艺流程

（2）调制方法

将清水与米粉按一定的比例拌和成不黏结成块的松散粉粒状，即成白糕粉坯，再倒入或筛入各种模型中蒸制成松质糕粉坯。

（3）调制工艺要点

松质糕粉坯调制工艺要点见表 8-18。

表 8-18　松质糕粉坯调制工艺要点

要点	具体内容
拌粉	◎ 拌粉是指加入水与配制粉拌和，使米粉颗粒能均匀地吸收水的过程。拌粉是制作松质糕的关键，粉拌得太干，则无黏性，蒸制时易被蒸汽所冲散，影响米糕的成型且不易成熟；粉拌得太软，则黏糯无孔隙，蒸制时蒸汽不易上冒，出现中间夹生的现象，成品不松散柔软。因此，在拌粉时应掌握好掺水量

续表

要点	具体内容
掺水	◎ 掺水量要根据米粉中含水量来确定，干粉掺水量不能超过 40%，湿磨粉不能超过 25% ~ 30%，水磨粉一般无须掺水或少许掺水。同时掺水量还要根据粉料品种调整，如粉料中糯米粉多，掺水量要少一些；粉料中粳米粉多，掺水量要多一些。还要根据各种因素，灵活掌握，如加糖拌和掺水要少一些；粉质粗掺水量多，粉质细掺水量少等。总之，以拌成粉粒松散而不黏结成块为准。常用的鉴定方法是用手轻轻抓起一团粉松开不散，轻轻抖动能够散开说明加水量适中，如果抖不开说明加水量过多，抓起的粉团松开手散开说明水量太少。掺水抄拌要均匀，要分多次掺入，随掺随拌，使米粉均匀吸水
静置	◎ 拌和后还要静置一段时间，目的是让米粉充分吸水。静置时间的长短，随粉质、季节和制品的不同而不同，一般湿磨粉、水磨粉静置时间短，干磨粉静置时间长；夏天静置时间短，冬天静置时间长
夹粉	◎ 静置后其中有部分粘连在一起，若不经揉搓使其疏松，蒸制时不易成熟且疏松度不一致，所以在米糕制作时，糕粉静置后要进一步搓散、过筛（所用粉筛的目数一般小于 30 目）。这个过程称为夹粉。这种经拌粉、静置、夹粉等工序制作而成的米粉称为"糕粉"

4.糖糕粉坯的调制

糖糕粉坯的调制方法和要点均与白糕粉坯相同，但为了防止砂糖颗粒在糕粉中分布不均匀，一般是先将砂糖溶解在水中，或在米粉中加入糖粉。糖浆的投料标准一般是 500 g 糖加 250 g 水，具体的比例要根据消费者的口味而定。如果用红糖、青糖则需要用纱布滤去杂质。

二、黏质糕粉坯的调制

1. 黏质糕粉坯的特点

黏质糕粉坯是指用米粉与水调制成团状或厚糊状，一般是先蒸制成熟后再手工擦揉或用搅拌机搅拌成滋润光滑的坯团。这样制成的黏质糕粉坯可直接成型，经分块、搓条、下剂、制皮、包馅，成型（或油炸）做成各种黏质糕或叠卷夹馅，切成各式各样的块，如年糕、蜜糕、拉糕、炸糕、豆面卷等。也有黏质糕是先成型后成熟的，如枣泥拉糕，拌粉成稠厚状后先装模成型再上笼蒸制成熟。黏质糕一般具有韧性大、黏性足、入口软糯等特点。

2. 黏质糕粉坯的调制工艺

（1）工艺流程

黏质糕粉坯调制工艺流程如图 8-11 所示。

图 8-11　黏质糕粉坯调制工艺流程

（2）调制方法

黏质糕与松质糕一样也要经过拌粉、掺水、静置等制坯过程，生坯（团状或糊状）上笼蒸熟，再用搅拌机搅至表面光滑不粘手（如果量少，则可趁热用手包上干净的湿布反复揉搓至表面光滑不粘手为止）。

（3）调制工艺要点

黏质糕粉坯调制工艺要点见表 8-19。

表 8-19 黏质糕粉坯调制工艺要点

要点	具体内容
搅面要搅至不粘手	◎ 热的黏质糕粉坯由于淀粉的糊化，较为黏稠粘手，使成型工艺难以进行。所以必须将黏稠的粉坯蘸凉水搅拌（或揉搓）至完全滋润光滑
搅面要趁热进行	◎ 因为粉坯中的淀粉遇热糊化，再遇冷会老化，所以黏质糕粉坯要趁热搅拌（揉搓）至表面光滑
保证食品卫生安全	◎ 黏质糕是先成熟后成型的品种，成型后直接食用，因此成型工艺中的卫生保障必须加以重视

学习单元六　杂粮面坯调制工艺

一、莜麦面

莜麦，别名油麦，禾本科、燕麦属一年生植物，学名为"裸粒类型燕麦"或"裸燕麦"，我国的西北、华北地区均有种植。莜麦是一种高热量食品，含有较多的亚油酸，饱腹感强且营养价值较高。

莜麦经过加工磨粉即为莜面，莜面按一定比例加入沸水调制而成的面坯称为莜麦面坯。莜麦面坯除了可单独制作面食外，还可与面粉等其他粮食作物混合制作糕点。

1. 莜麦面的特点

莜麦富含蛋白质，在禾谷类作物中蛋白质含量最高，但是面筋蛋白质含量少，所以面坯几乎无弹性、韧性和延展性；莜麦淀粉分子比大米和面粉小，虽然易消化吸收，但莜麦面黏度低，可塑性差，不易成型，成型过程中容易断裂，所以莜麦面坯的成型方法较多，大多采用手工"搓、推、捻、卷、压、擀"等方法。

传统莜麦面食的熟制可蒸、可烩、可炒，大多做成栲栳栳、推窝窝、烩鱼鱼、饸饹、酸辣切条条等面食，且一年四季吃法不同。初春大多将腌酸菜切碎同猪肉、粉条、山药、豆腐等烩成臊子，再将莜麦鱼鱼、窝窝、栲栳栳放进臊子碗内与油辣椒一起拌着吃；夏季将莜面切条条、饸饹、栲栳栳，与黄瓜丝、水萝卜丝、韭菜末、蒜末、香菜段一起凉调吃；秋季冷调、热调莜麦面都可以；而冬季讲究将莜面窝窝、栲栳栳蘸着羊肉臊子，配着葱花、油辣子吃，鱼鱼则可用豆腐、土豆、蘑菇、细粉、羊肉等烩着吃。

2.调制方法

（1）配方：莜麦面 500 g、沸水 500 g、素油少许。

（2）调制方法：将莜麦面倒入面盆中，右手拿筷子，左手将沸水慢慢倒入面中，边倒边搅，搅拌均匀，用手蘸冷开水采用搓和揉的手法，趁热将面坯擩匀揉透，晾凉后盖上湿布静置待用。

3.技术要领

莜麦面坯调制技术要领见表 8-20。

表 8-20　莜麦面坯调制技术要领

要领	具体内容
做到"三熟"	◎ 传统的莜麦面食制作必须经过"三熟"，即麦粒要炒熟，和面要烫熟，成型后要蒸熟。烫莜麦面时要用沸水烫透，否则面坯黏性差，不易成型
注意加工过程中的温度把控	◎ 揉面时要蘸冷开水擩透揉透，否则成品容易粘牙；蒸制面坯时，热蒸汽一定要足，时间要够，否则面片夹生，不易消化
注意防止面坯风干	◎ 莜麦面坯调制好后要盖上湿布，否则面坯表面会发生硬皮现象

4.莜面的用途

随着现代营养科学的发展，人们将莜面与面粉混合（多数配方莜面占 40%，面粉占 60%）制作出莜麦面包、莜麦馒头、莜麦蛋糕等面点；随着食品工业的发展，也加工生产出莜麦炒面、莜麦糊糊、莜麦麦片、莜麦方便面等方便食品。

二、青稞面

青稞是生长在我国西北、西南，特别是西藏、青海、甘肃等地区的一种重要高原谷类作物，又称为米麦、稞麦、大麦。青稞是大麦的一个变种，属禾本科、一年生草本植物。它生长期短，一般为100～130天，比小米早熟，能适应迟种早收。青稞耐贫瘠和高寒，可在高海拔地带正常成熟，已成为青藏高原种植的一年一熟的高寒河谷标志性作物。

1. 青稞的种类

青稞按我国大麦种划分，被定为多棱大麦亚种的多棱颗粒大麦变种群。依据青稞的棱数分，可分为二棱稞大麦、四棱稞大麦、六棱稞大麦。其中，西藏主要栽培六棱稞大麦，青海则以四棱稞大麦为主。青稞成熟后种子与种壳分离，容易脱落成稞粒，因种植地区和品种的不同，青稞种皮可分为灰白色、灰色、紫色、黑紫色等。

2. 青稞的特点

青稞同普通大麦结构一样，其颗粒是由外皮层包裹糊粉层、淀粉化的胚乳和软胚芽组成。其中，外皮层主要由纤维素、半纤维素组成；胚乳中淀粉含量多，面筋成分少；胚芽中富含多种维生素和无机盐。青稞的化学组成与小麦、高粱相同，主要成分为碳水化合物，只是矿物质和维生素更丰富一些。

青稞炒面是青稞麦经过晒干、炒熟、磨粉（不过筛）制成，与我国北方的炒面相似，但北方的炒面是先磨粉后炒制，而西藏的青稞炒面是先炒熟再磨粉且不去皮。青稞炒面较为粗糙，色泽灰暗，口感发黏。青稞炒面携带方便，适于牧民生活。

糌粑是藏族人民群众的主食，是由青稞炒面与奶茶、酥油、奶渣、糖经搅拌后捏攥成团制成。它不仅具有油酥的芳香、糖的甜润，还有奶渣的酸脆。糌粑里还可以加入肉、野菜等食物原料，做成咸糌粑。

青稞面的食用方法与小麦粉基本相同。随着对小麦粉烘焙食品种类与制作工艺的模仿，人们也研制、开发出了青稞系列面食，如青稞挂面、青稞馒头、青稞饼干、青稞蛋糕和青稞麦片等。由于青稞面具有蛋白含量高但面筋蛋白含量低、支链淀粉含量高、物料黏度高等特点，可制作曲奇饼干、薄脆饼干、葱油饼干、青稞蛋黄派和青稞面条。

3. 青稞面坯调制工艺

（1）配方：青稞面 250 g、酥油 200 g、白砂糖 50 g、西藏红糖 10 g、黑芝麻 10 g、核桃仁 10 g、奶渣 25 g、牛奶 200 g。

（2）调制方法：将青稞面、白砂糖、红糖、核桃仁碎、黑芝麻、奶渣、酥油倒入面盆中混合拌制，再用牛奶调制，以手攥可成团为限，即成面坯。

4. 技术要领

青稞面坯调制技术要领见表 8-21。

表 8-21　青稞面坯调制技术要领

要领	具体内容
注意加工程度	◎ 红糖、核桃仁要尽量压碎，否则成品易散碎；由于青稞面含水量有差异，所以和面时要视干湿程度最后将牛奶加入面中，用其调节面坯软硬

要领	具体内容
注意原材料保藏	◎ 红糖的保管只能存于干燥通风处，不宜存入冰箱，否则容易溶化

三、荞麦面

1. 荞麦面坯的概述

荞麦面坯是以荞麦面（多为甜荞或苦荞）为原料，掺入辅助原料制成的面坯。由于荞麦面无弹性、韧性和延展性，一般要配合面粉一起使用。用荞麦面坯制作的点心，成品色泽较暗，具有荞麦特有的味道。

2. 荞麦的种类

荞麦的种类较多，主要有甜荞、苦荞、金荞、齿翅野荞 4 种（表 8-22），我国主产甜荞和苦荞两种。

表 8-22　荞麦的种类

种类名称	主要特点
甜荞	◎ 甜荞又称普通荞麦，是荞麦中品质较好的品种，其色泽暗白，基本无苦味
苦荞	◎ 苦荞又称野荞麦、鞑靼荞、万年荞、野南荞。籽粒壳厚，果实略苦，色泽泛黄
金荞	◎ 金荞皮易于爆裂而成荞麦米，故又称米荞
齿翅野荞	◎ 齿翅野荞又称翅荞，品质较差

3.荞麦面坯的特点

荞麦面坯色泽灰暗、味略苦，几乎没有弹性和延展性，因而荞麦面坯的包捏性能较差，成品色泽、口味也欠佳。在面点工艺实践中，荞麦面坯除了单独制作面食外，还常与面粉等其他粮食作物混合使用制作面食。如荞麦籽粒可做荞麦粥、荞麦米饭；荞麦粉可做荞麦面条、荞麦鱼鱼、荞麦剔尖、荞麦烙饼、荞麦凉粉等面食小吃；荞麦粉还可以与面粉等混合制作荞麦面包、荞麦饼干、荞麦月饼、荞麦酥点等糕点。随着现代食品工业的发展，还以荞麦为原料，制成荞麦啤酒、荞麦酱油、荞麦醋、荞麦挂面、荞麦酸奶等。

4.荞麦面坯调制工艺

将荞麦面与面粉混合，再与其他辅助原料（水、糖、油、蛋、乳等）和成面坯即可。由于荞麦的色泽较为灰暗、口感欠佳且几乎不含面筋蛋白质（无弹性、韧性和延展性），所以用荞麦面粉制作面食时，需要注意矫色、矫味问题和选择适当的工艺手法。

5.技术要领

荞麦面坯调制技术要领见表 8-23。

表 8-23　荞麦面坯调制技术要领

要领	具体内容
注意操作手法	◎ 由于荞麦不易吸水，筋性很差，面坯和好后要经过三揉三饧，否则面坯不光滑，成品口感不爽滑
注意选料搭配	◎ 由于荞麦面粉几乎不含面筋蛋白质，制作生化膨松面坯时，需要与面粉配合使用，面粉与荞麦的比例以 7：3 为最佳；根据产品特点也可适当添加可可粉、吉士粉等增香原料，有利于改善产品颜色，增加香气

四、玉米面

玉米为禾本科植物，又名苞米、苞谷，是世界三大粮食作物之一。玉米面是由玉米磨制而成，玉米面按颜色区分有黄玉米面和白玉米面两种，其主要营养成分有卵磷脂、亚油酸、谷物醇、维生素等。

1. 调制工艺

玉米面和细粮搭配可以制作红枣玉米发糕、玉米饼、玉米馒头，还可制作玉米面饺子、包子、馅饼等。

（1）水调面坯

1）配方：玉米面 100 g、面粉 100 g，沸水、冷水适量。

2）调制方法：将玉米面放入大碗中，一边倒沸水一边用筷子搅拌成穗子状（水量根据实际情况调整），面要干一点，再倒入面粉，用温水和面，搅拌成絮状（也可以加一个鸡蛋，减少水的用量，加鸡蛋口感会更有弹性，较容易操作）。然后用手揉成团，最后面坯要光滑不粘手，饧置待用。

（2）膨松面坯

1）配方：黄玉米面 300 g、面粉 200 g、酵母 10 g、白砂糖 150 g、苏打粉 3 g。

2）调制方法：具体操作方法如图 8-12 所示。

· 小贴士 ·

※ 玉米面用开水烫过之后会产生糊精，不但口感更好，而且更容易消化。

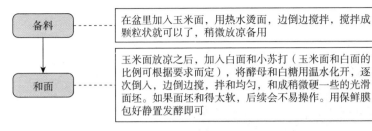

图 8-12 膨松面坯调制方法

2. 技术要领

玉米面坯调制技术要领见表 8-24。

表 8-24 玉米面坯调制技术要领

要领	具体内容
注意选料搭配	◎ 玉米面没有黏性，因此需要加一些糯米面或直接用糯玉米面制作。玉米面、糯米面少许，根据口味加适量的糖或盐。有条件的可加一些奶粉、适量煮熟的鸡蛋黄
注意面坯黏度	◎ 做窝头时手上淋点水，这样玉米面就不会粘在手上，窝头就能做得漂亮点；如果玉米面多，面坯黏性小而不好操作时，可以增加面粉的比例

五、杂粮面坯制作实例

扫码看视频

制作玉米摊饼

（1）制作准备

用具准备

案板	不粘锅
电子秤	手勺
面盆	刀
盘	

配方原料

面粉	250 g	鸡蛋	4 个
清水	500 g	鸡肉肠	100 g
玉米罐头	1 盒	葱花	20 g
食盐	适量	味精	适量
胡椒粉	适量	鸡粉	适量
香油	适量	花生油	适量

（2）制作步骤

玉米摊饼的制作步骤如图 8-13 所示。

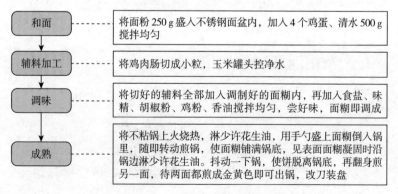

和面	将面粉 250 g 盛入不锈钢面盆内，加入 4 个鸡蛋、清水 500 g 搅拌均匀
辅料加工	将鸡肉肠切成小粒，玉米罐头控净水
调味	将切好的辅料全部加入调制好的面糊内，再加入食盐、味精、胡椒粉、鸡粉、香油搅拌均匀，尝好味，面糊即调成
成熟	将不粘锅上火烧热，淋少许花生油，用手勺盛上面糊倒入锅里，随即转动煎锅，使面糊铺满锅底，见表面面糊凝固时沿锅边淋少许花生油。抖动一下锅，使饼脱离锅底，再翻身煎另一面，待两面都煎成金黄色即可出锅，改刀装盘

图 8-13 玉米摊饼的制作步骤

（3）成品特点

色泽金黄，外酥内松软，表皮不干、不硬 ，香甜细腻，玉米面香味浓。

小贴士

※ 辅料要加工得细碎一些，否则不易成型。

※ 生糊调味要淡一些，否则成熟后的成品味会更浓。

※ 要掌握好熟制的火候，否则成品不能形成需要的特点。

学习单元七　其他面坯调制工艺

一、薯类面坯

将含有丰富淀粉和大量水分的薯类原料洗净，放入锅中蒸熟或煮熟，然后去皮、去筋，压制成泥或蓉，再加入适量的熟面粉或糯米粉、淀粉等配料揉匀而成的一类面坯。

1. 薯类面坯的种类

薯类面坯的种类较多，面点中使用较多的有马铃薯、山药、芋头、甘薯、紫薯等。

2. 薯类面坯的调制

薯类面坯的调制见表 8-25。

表 8-25　薯类面坯的调制

种类名称	具体内容
马铃薯面坯	◎ 马铃薯性质软糯、细腻，去皮煮熟捣成泥后，可单独制成煎炸类点心，也可与米粉、熟澄粉掺和，制成薯蓉饼、薯蓉卷、薯蓉蛋及各种象形点心
甘薯面坯	◎ 甘薯含有大量的淀粉，质地软糯，味道香甜。一般红瓤和黄瓤品种含水分较多，白瓤较干爽，味甘甜。甘薯蒸熟后去皮与澄粉、米粉搓擦成面坯，包馅后可煎、炸成各种小吃和点心

种类名称	具体内容
山药面坯	◎ 品质优良的山药外皮无伤，干燥，断层雪白，黏液多，水分少。山药可制作山药糕和芝麻糕等，也可煮熟去皮捣成泥后与淀粉、面粉、米粉掺和，制作各种点心
芋头面坯	◎ 具有香、酥、粉、黏、甜、可口的特点。性质软糯，蒸熟去皮捣成芋泥，与面粉、米粉掺和后，可制作各式点心

3. 薯类面坯的特点

成品软糯，滋味甘美，滑爽可口，并带有浓厚的清香味和乡土味。薯类的种类较多，性质各异，因此，在调制薯类面坯时须根据薯蓉泥含水量、黏糯程度适当添加干粉，如米粉、面粉、淀粉等，使面坯形成适宜的软硬度，便于后续的成型操作以及保证成品具有良好的口感。

4. 薯类面坯调制技术要领

薯类面坯调制技术要领见表 8-26。

表 8-26　薯类面坯调制技术要领

要领	具体内容
控制蒸制时间	◎ 薯类面坯多采用蒸制成熟的方法，蒸薯类原料时间不宜过长，蒸熟即可，以防止吸水过多，使薯蓉太稀，难以操作。为减少薯类吸水过多的情况，也可用微波炉熟制薯类
去净原料纤维	◎ 蒸熟后的薯类原料，要尽量将纤维组织去除干净，否则面坯不易光滑、滋润

续表

要领	具体内容
适当掺入干粉	◎ 每一种薯类由于品种和产地不同，含水量有一定差异，且每一种薯类均有自己独特的味道。薯类面坯工艺中要酌情掺入适量干粉，但为保证工艺顺利进行和成品原汁原味，应尽量少掺干粉
趁热调制面坯	◎ 粉类原料及辅助原料要趁热掺入薯蓉中，利用热气使其他原料充分融化、融合，否则面坯不易滋润、光滑

二、澄粉类面坯

澄粉是小麦面粉经调团、漂洗，去除面筋和其他物质，再经焙干、研粉制成的淀粉类物质。澄粉呈白色粉末状，色泽洁白，手感细腻，可以作为淀粉勾芡，也可调制面坯制作各式点心。广式面点中使用澄粉制作面点较为普遍。由于澄粉不含面筋，韧性和延展性较差，所以广式面点制皮时多采用拍皮、刀压皮的方法。

1. 澄粉面坯的特点

澄粉面坯是澄粉加沸水调和制成的面坯。澄粉面坯色泽洁白，晶莹剔透，呈半透明状，口感细腻嫩滑，弹性、韧性、延展性较小，有一定的可塑性。澄粉面坯制作的成品，一般具有雪白晶莹，细腻柔软，口感嫩滑，蒸制品爽、炸制品脆的特点。

澄粉面坯因在调制时就已烫透，所以在成熟时多采用蒸和炸的方法，而且蒸的时间一般都在 4～5 min，炸制时也是采用热油炸制的方法。澄粉面坯既可单独使用制作澄粉类品种，也可在调制杂粮面坯、薯类面坯、果蔬类面坯时加入，用于增加这些坯料的可塑性。

2.澄粉面坯经验配方

澄粉面坯调制采用沸水烫面法，受水温影响，面坯中淀粉糊化程度高，吸水量大。一般澄粉面坯中澄粉与沸水的比例为 1 ： 1.5，面坯可适量添加猪油、色拉油、白砂糖、盐等，也可调配生粉、糯米粉等。

3.澄粉面坯调制方法

将澄粉、生粉装在盆中，沸水一次性注入粉中，用木棒搅拌成团，烫成熟面坯，加盖焖制 5 min，再将粉团倒在案台上，加入白砂糖、熟猪油揉擦均匀，盖上湿布备用。

4.澄粉面坯调制技术要领

澄粉面坯调制技术要领见表 8-27。

表 8-27　澄粉面坯调制技术要领

要领	具体内容
把握好成熟度	◎ 调制澄粉面坯要将澄粉烫熟，否则面坯不光滑，难以操作，同时蒸后成品不爽口，会出现粘牙现象
防止面坯变干	◎ 面坯揉搓光滑后，需趁热盖上半潮湿、洁净的白布（或在面坯表面刷上一层油），保持水分，以免表皮风干。为便于操作，揉团时常加入适量的熟猪油，还可改善口感

三、糖浆面坯

糖浆面坯是指将事先用蔗糖制成的糖浆或麦芽糖浆与小麦粉调制而成的面坯。这种面坯松软、细腻，既有一定的韧性又有良好的可塑性，适合制作浆皮包馅类月饼，如广式月饼、提浆月饼和松脆类糕点（如广式的薄脆、苏式的金钱饼等）。糖浆面坯可分为砂糖面坯、麦芽糖浆面坯、混合糖浆面坯三类。

1. 糖浆面坯调制方法

不同品种的糖浆面坯有不同的制作方法，即使同一品种，各地的糖浆制作方法也有差异。糖浆面坯的调制方法有机械调制方法和手工调制方法，如图 8-14 所示。（参考配方：低筋粉 500 g、糖浆 380 g、花生油 130 g、碱水 10 g）

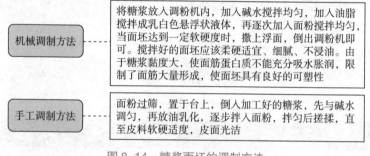

图 8-14　糖浆面坯的调制方法

2. 糖浆面坯调制技术要领

糖浆面坯调制技术要领见表 8-28。

表 8-28　糖浆面坯调制技术要领

要领	具体内容
注意选择面粉	◎ 制作糖浆皮最适宜用低筋面粉或月饼专用面粉，其湿面筋含量以 22% ~ 24% 为佳。中筋面粉可适量使用，高筋面粉则不宜使用

要领	具体内容
糖浆、碱水必须充分混合	◎ 糖浆、碱水充分混合之后再加入油脂搅拌，否则熟制后会起白点；要注意掌握碱水用量，多则易烤成褐色，影响外观，少则难以上色；皮料调制后，存放时间不宜过长
在加入面粉之前，油脂和糖浆必须充分乳化	◎ 如果搅拌时间短，乳化不均匀则调制的面坯发散，容易走油、粗糙、起筋，工艺性能差
面粉应逐次加入	◎ 最后留下少量面粉以调节面坯软硬度，如果太硬可加些糖浆来调节，不能用水
注意存放时间	◎ 面坯调制好以后，面筋胀润过程仍在继续进行，切忌存放时间过长，否则面坯易起筋，不易成型，影响成品质量

四、豆类面坯

豆类面坯是指以各种豆类为主要原料，适当掺入油、糖等辅料，经过煮制、碾轧、过筛、澄沙（去掉水分）等工艺制成的面坯。

1.豆类面坯的种类与特点

（1）豆类面坯的种类

豆类面坯的种类见表8-29。

表8-29 豆类面坯的种类

种类	具体内容
绿豆面坯	◎ 绿豆面坯的品种很多，除可制作饭、粥、羹等食品外，还可以磨成粉，制成绿豆糕、绿豆面、绿豆煎饼等，绿豆粉还可制作绿豆馅

种类	具体内容
赤豆面坯	◎ 赤豆面坯性质软糯、沙性大，可做红豆饭、红豆粥、红豆凉糕等，也可用于制作馅心
黄豆面坯	◎ 黄豆面坯黏性差，与玉米面掺和后可使制品酥松、暄软。成品有团子、小窝头、驴打滚及各种糕饼等
杂豆面坯	◎ 杂豆包括扁豆、豌豆、芸豆、蚕豆等。这些豆类制品一般具有软糯、口味清香等特点，煮熟捣泥可做馅，与米粉掺和可制作各式糕点，如扁豆糕、豌豆黄、芸豆卷、蚕豆糕等

（2）豆类面坯的特点

豆类面坯制成的点心具有色泽自然、豆香浓郁、干香爽口的特点。面点制作工艺中常用的豆类有绿豆、赤豆、黄豆、杂豆等，此类面坯既无弹性、韧性，也无延展性。虽有一定的可塑性，但流散性极大。许多豆类面坯的点心品种，都需要借助琼脂定型。

2.豆类面坯调制方法

将豆类拣去杂质，洗净、浸泡后加入适量碱与冷水一起倒入容器中蒸烂或煮烂，经过筛、去皮、澄沙（去掉水分），加入添加料（油、糖、玫瑰、琼脂等），再根据品种的不同需要进行炒制加工并造型。

3.豆类面坯调制技术要领

豆类面坯调制技术要领见表8-30。

表 8-30　豆类面坯调制技术要领

要领	具体内容
煮豆前要浸泡	◎ 在浸泡时，水要一次加足，万一中途需要加水，也一定要加热水，否则豆不易煮烂
注意煮豆火候	◎ 煮豆必须小火慢煮、完全煮烂，否则有小硬粒会影响成品质量
注意加水量	◎ 熟豆过筛时，可适量加水。如果水加得多，面坯太软且粘手，将影响成型工艺

模块 九

成型工艺

学习单元一　成型基础

　　面点的成型，是按照面点制品形态的要求，运用各种方法，将各种调制好的面坯或坯皮制成有馅或无馅、各种形状的成品或半成品。

　　我国面点种类繁多，虽因各地的风味不同，而造成原料、成型、熟制的方法有所区别，但基本工艺流程大同小异，其中，成型前的面坯加工主要包括搓条、分坯、制皮、上馅等工艺过程。

一、制皮

　　制皮是用按、擀的方法，制成各种类型的坯皮，以便于包馅、成型。制皮方法有拍皮、擀皮、捏皮等。

1. 制皮的工具与方法

（1）常见的制皮工具如图 9-1 所示。

擀面杖	擀面杖是制作皮坯和成型时不可缺少的工具。各种擀面杖粗细、长短不等，一般来说，擀制面条、馄饨皮所用的较粗长，用于油酥制皮或擀制烧饼的较粗短
通心槌	通心槌又称走槌，形似滚筒，中间空，插入轴心，使用时来回滚动。由于通心槌自身重量较大，擀皮时可以省力，适合擀制大块面坯

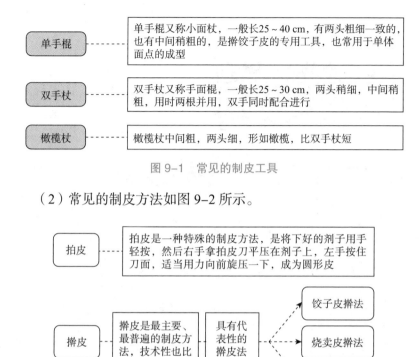

图 9-1　常见的制皮工具

（2）常见的制皮方法如图 9-2 所示。

图 9-2　常见的制皮方法

2. 制皮实例

扫码看视频

制作饺子皮

（1）制作准备

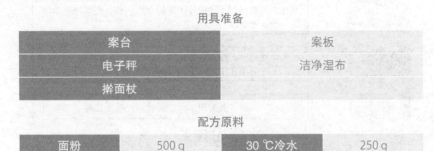

（2）制作步骤

饺子皮的制作步骤如图 9-3 所示。

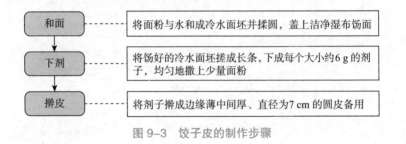

图 9-3　饺子皮的制作步骤

·小贴士·

※ 调制面坯时，加水量要根据季节不同和面粉吃水量而定，要分
　 次加入，以免夹生和伤水。

※ 如果面粉的面筋度小，调制时面坯可适当加点盐。

※ 面坯和好后要盖湿布饧面，以防结皮。

二、上馅

上馅是把馅料放在皮子上，包成馅心。基本方法有包入法、拢上法、夹上法、卷上法、滚粘法等。

1. 常见的上馅技法

常见的上馅技法见表 9-1。

表 9-1　常见的上馅技法

工艺名称	主要内容
包入法	◎ 包入法比较简单，是将馅心包入后，制成圆球形、枣形或圆饼形等，生坯表面无褶皱及花纹
拢上法	◎ 拢上法是用左手托着面皮，右手上馅，在加馅料的同时，左手五指将面皮四周向上收拢，拇指与食指从中心处慢慢收紧，下端呈圆鼓形，上端呈花边形
夹上法	◎ 夹上法即一层料一层馅，上馅要均匀且平，可以夹上多层馅。对稀糊面制品，要蒸熟一层料再上馅，然后再铺另一层料
卷上法	◎ 卷上法是用左手拿一叠皮子（一般为梯形或三角形），右手拿尺板，挑一点馅心往皮上一抹，朝内滚卷，包裹起来，抽出尺板，两头一捏即成
滚粘法	◎ 滚粘法较为特殊，是将馅料切成块，蘸上水，放入干粉中，用簸箕摇晃，使干粉均匀地粘在馅上

其中，包入法是最常用的一种方法，用于包子、饺子、合子（一种夹馅的面饼）、汤圆等绝大多数点心品种。根据品种特点，又可分为无缝、捏边、提褶、卷边等。上馅的多少、部位、手法随所用方法不同而变化。

（1）无缝类

此类品种如豆沙包、水晶馒头等，一般要将馅上在中间，包成圆形或椭圆形，不宜将馅上偏。

（2）捏边类

此类品种如水饺、蒸饺等，馅心较大，上馅要稍偏一些，这样将皮折叠上去，才能使皮子边缘合拢捏紧，保证馅心正好在中间。

（3）提褶类

此类品种如小笼包、包子等，因提褶面呈圆形，所以馅心要放在皮子正中心。

（4）卷边类

此类品种如酥合子、鸳鸯酥等，是将包馅后的皮子依边缘卷捏成型的一种方法，一般用两张面皮，中间上馅，上下覆盖，依边缘卷捏。

2. 上馅实例

（1）制作准备

扫码看视频

包饺子

用具准备

案板	电子秤
面盆	擀面杖
馅尺	

配方原料

面粉	500 g	30 ℃冷水	250 g
猪肉馅	440 g		

（2）制作步骤

饺子的制作步骤如图 9-4 所示。

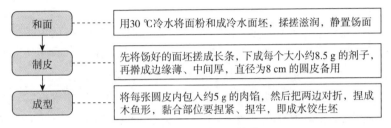

图 9-4 饺子的制作步骤

（3）成品特点

薄皮大馅，形似木鱼。

小贴士

※ 加馅成型时，饺子边缘不仅要捏紧，还要捏窄些，这样才不会
有面疙瘩，形状才美观。

学习单元二　成型方法

　　成型是面点制作技术的核心内容之一，是一道技艺性很强的工序，上面连接搓条、分坯、制皮、上馅的基础操作，下面连接熟制操作，因此，在面点制作中具有非常重要的意义。

　　面点制品的成型方法多种多样，大体上分为三种基本形式：第一种是运用各种基本的手工操作技法成型；第二种是借助工具、模具或机械成型；第三种是依据美术基础理论，综合运用各种成型技法，采用艺术化方法而形成的艺术成型法。

一、手工成型

　　手工成型是指按照面点不同品种的形态要求，运用各种不同手工操作手法，将调制好的面坯或坯皮，制作成不同形态面点的操作方法。手工成型的技法很多，常用的有搓、卷、包、捏、抻、切、削、拨、擀、叠、摊、按等。个别手法还有剪、滚粘、钳花等，也有许多品种需要复合形成，如先切后卷、先包后捏等。

1. 常见的手工成型技法

　　常见的手工成型技法如图 9-5 所示。

搓是一种比较简单的基本成型手法，是指按照品种的不同要求，将面坯用双手来回揉搓成规定形状的过程。搓可分为搓条和搓形两种手法，具体形式又有直搓和旋转搓两种

搓

直搓与面坯制作中的搓条相似，双手搓动坯料，同时搓长或使面坯上劲。成条要求粗细均匀，搓紧、搓光

旋转搓是用手握住坯料，绕圆形或向前推搓或边揉边搓、双手对搓，使坯剂同时旋转，搓成拱圆形或桩形。搓形后要求使制品内部组织紧密，外形规则，整齐一致，表面光洁

卷是面点制作中常用的成型技法之一，一般是指将擀好的面坯，经加馅、抹油或直接根据品种要求，制成不同样式的圆柱形状，并形成间隔层次，然后制成成品或半成品的方法。操作时要求卷紧、卷匀，手法灵活，用力均匀

卷

单卷法是将面坯擀成薄片，抹上油或馅，从一头卷向另一头，呈圆筒状

双卷法是将面坯擀成薄片，抹上油或馅后，从两头向中间对卷，卷到中心为止，呈双圆筒状

包是指将馅料与坯料合为一体，制成成品或半成品的一种方法。在实际操作中，因面点品种不同，所用的原料、成品形态及成熟方法也不相同，因此，包的成型手法和成型要求均不一样，变化较多，差别也较大。包制成型要求馅心居中，规格一致，形态美观，方法正确，动作熟练。包也常与卷、捏、按、剪、钳花等技法结合使用，称为复合成型法

包

包上法

包裹法

包捻法

捏是指将包入馅心或不包入馅心的坯料，经过双手的指上技巧，按照品种形态的设计要求进行造型的方法，是比较复杂、富有艺术性的一项操作技术。捏制技术多种多样，不但要求色泽美观，而且要求形象逼真，如各种花色饺子、虾饺、花纹包等。捏也常与包结合运用，有时还须利用各种小工具，如与花钳、剪刀、梳子、角针等配合进行成型

捏

提褶捏

推捏

捻捏

挤捏

花捏

图 9-5 常见的手工成型技法

2. 手工成型实例

扫码看视频

制作千层饼

（1）制作准备

用具准备

案板	电子秤
油刷	擀面杖
碗	炉具
蒸锅	笼屉
屉布	刀
刮刀	

配方原料

中筋面粉	500 g	酵母	5 ~ 10 g
泡打粉	5 g	花生油	25 g
盐	7.5 g（或糖 7.5 g）	水	225 ~ 250 g

（2）制作步骤

千层饼的制作步骤如图 9-6 所示。

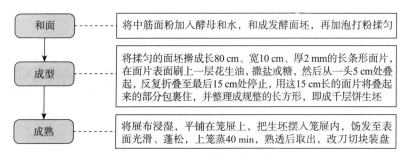

图 9-6 千层饼的制作步骤

和面 ---- 将中筋面粉加入酵母和水，和成发酵面坯，再加泡打粉揉匀

成型 ---- 将揉匀的面坯擀成长80 cm、宽10 cm、厚2 mm的长条形面片，在面片表面刷上一层花生油，撒盐或糖，然后从一头5 cm处叠起，反复折叠至最后15 cm处停止，用这15 cm长的面片将叠起来的部分包裹住，并整理成规整的长方形，即成千层饼生坯

成熟 ---- 将屉布浸湿，平铺在笼屉上，把生坯摆入笼屉内，饧发至表面光滑、蓬松，上笼蒸40 min，熟透后取出，改刀切块装盘

（3）成品特点

暄软洁白，层次分明，咸（甜）香适口。

小贴士

※ 面坯要发至十成开，但不要发过。擀制时用力要均匀，薄厚要一致。

※ 刷油不可太多或太少，太多油容易溢出，影响操作；太少油层与油层之间容易粘连。

※ 叠制时要叠紧、叠整齐。

二、模具成型

模具成型是指利用各种特制形态的模具，将坯料压印成型的一种方法。模具成型具有使用方便、成品形态美观、规格一致、便于批量生产等优点。

1. 模具的种类

根据不同品种的成型要求，模具种类大致可分为印模、套模、盒模和内模（表9-2）。

表 9-2　常见的几种模具

种类名称	主要内容
印模	◎ 印模又叫印板模，是将成品的形态刻在木板上，然后将坯料放入印模内，使之形成图与形一致的成品。这种印模的图案花样、形状很多，成型时一般配合按的手法进行
套模	◎ 套模又叫套筒，是用铜皮或不锈钢皮制成各种图形的套筒。成型时用套筒将擀制好的平整坯皮套刻出来，形成规格一致、形态相同的半成品，成型时常和擀制配合
盒模	◎ 盒模是用铁皮或铜皮经压制而成的凹形模具，其容器形状、规格、花色很多，主要有长方形、圆形、梅花形、船形等。成型时将坯料放入模具中，经成熟后便可形成规格一致、形态美观的成品。常与套模配套使用，也有同挤注连用的
内模	◎ 内模是用于支撑成品、半成品外形的模具，规格、样式，可随意创造、特制

表9-2中这些模具具体可根据制品要求选择运用。

2. 模具成型的方法

模具成型的方法大致可分为生成型、加热成型和熟成型，如图9-7所示。

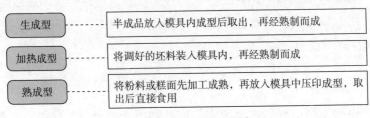

图 9-7　模具成型的方法

3. 模具成型实例

扫码看视频

蒸花馍

（1）制作准备

用具准备

案板	电子秤
木制花馍模具	洁净湿布
蒸锅	炉具
笼屉	盘
刮刀	油刷

配方原料

中筋面粉	500 g	酵母	5 ~ 10 g（或老酵面100 g）
30 ℃冷水	225 ~ 250 g	花生油	适量

（2）制作步骤

蒸花馍的制作步骤如图 9-8 所示。

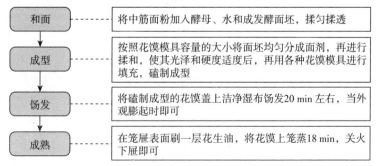

图 9-8　蒸花馍的制作步骤

（3）成品特点

色白暄软，纹路清晰，外形美观。

小贴士

※ 面坯不宜过软，否则花纹不明显。

※ 模具花纹要清晰、干净且无水才能使用。

模块

产品成熟

学习单元一　成熟的作用和标准

　　成熟一般是面点制作过程中的最后一道工序。面点成熟的好坏，直接影响面点的品质，如形态的变化、皮馅的味道、色泽的明暗、制品的起发等。所以面点加热成熟的过程，也是决定面点成品质量的关键所在。"三分做，七分火"，就是这个道理。

一、成熟的作用

　　中式面点制品形态多，色泽美，口味好，除调制面坯、制馅和成型加工技术外，多种多样的熟制方法和技巧，也是保证面点品质的一个重要因素。这一环节掌握不好，就会严重影响面点成品的质量。因此，在面点制作中，熟制的作用非常重要。

1. 确定和体现制品的质量

　　无论何种面点，在制团、制皮、上馅、成型加工等过程中，都会形成一定的质量和特色。但这些质量和特色，必须经过加热熟制，才能确定和体现出来。面点制品的质量主要从质、色、味、形等方面来检验，面点制品的熟制方法，如果使用得当，做得细致认真，就能把制品在生产制作过程中原有质量加以充分体现，反映出制品的各种特色。

2. 改善制品的色泽，突出制品的形态

熟制方法掌握得当，不仅能够体现面点制品的原有质量，还能进一步起到改进制品的色泽、突出制品形态、增加香味、提高口感的作用，使制品的质量进一步提升。

3. 提高制品的营养价值

熟制不但能使制品由生变熟，成为容易消化、吸收的食品，还能大大提高制品的营养价值。许多面点制品只有经过熟制后，才具有更高的营养价值。

二、成熟的标准

面点制品经过熟制后，都应达到规定的质量标准。由于面点制品种类繁多，特色各异，因此其要求达到的质量标准也各有不同。但总体来说，主要包括色泽、形态、口味、质地四个方面。其中，色泽与形态主要是指面点制品的外观，是通过人们的视觉来感受；而口味与质地则是指面点制品的内在质量，是通过人们的味觉和口感来体验的（图 10-1）。

另外，面点制品熟制后的重量，也是质量检验的标准之一。虽然最后成品的重量主要取决于生坯的重量，但是熟制对最后成品的重量也有一定的影响。因此，在面点的熟制过程中，操作者应注意掌握好火候和加热时间，避免最后成品失重过多，影响质量。

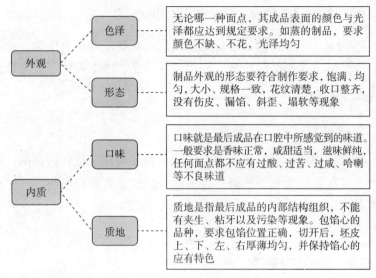

图 10-1　成熟的标准

学习单元二　基本成熟法

一、蒸

蒸是把面点制品的生坯放在笼屉（或蒸箱）内，利用蒸汽温度的作用，使其生坯成熟的一种方法。在行业内，这种熟制法被称为蒸或蒸制法，成品称为蒸制品或蒸食。

1. 蒸制的成熟原理

笼屉中的蒸汽通过传导的方式，把热量传给生坯，生坯受热后，淀粉和蛋白质就发生了变化；淀粉受热后开始膨润糊化，在糊化过程中吸收水分变为黏稠胶体，待出屉后温度下降，淀粉就冷凝为凝胶体，使制品具有光滑的表面；蛋白质受热后，发生了热变性，开始凝固，并排出其中的水分。温度越高，变化越大，直至蛋白质完全变性凝固，这样，制品也就成熟了。由于蒸制品多用膨松面坯，酵母和膨松剂过热产生大量气体，使生坯中的面筋网络之间形成大量的气泡，成为多孔结构的制品，形成了富有弹性的海绵膨松状态。

蒸制品的成熟是由蒸锅内的蒸汽温度所决定的，但蒸锅内的温度和湿度与火力大小及气压高低有关。一般来说，蒸汽的温度大多在 100 ℃以上，只要加盖密封，并保持火力，即可达到饱和状态，使温度高于煮的温度而低于炸、烤的温度。蒸主要适用于水调面坯、膨松面坯、米粉面坯等面坯的熟制。

2. 蒸制品的特点

蒸制工艺的加热温度一般在 100 ℃以上，所以适应性较广，成品具有口感松软、形态完整、馅心鲜嫩、易被人体消化吸收的特点。蒸制品的特点见表 10-1。

表 10-1　蒸制品的特点

特点	具体内容
适应性强	◎ 蒸制法是面点制作中应用最广泛的熟制方法。除油酥面坯和矾碱盐面坯外，其他各类面坯都可使用。特别适用于酵母膨松面坯、米粉面坯、水调面中的热水面坯和物理膨松面坯制品等
口感松软	◎ 在蒸制过程中，保持较高温度和较大湿度，制品不仅不会出现失水、失重和碳化等现象，相反还能吸收一部分水分，膨润凝结。加上酵母和膨松剂产生气体的作用，大多数制品组织蓬松，体积胀大，重量增加，富有弹性，冷却后形态光亮，口感柔软、香甜美味
形态完整	◎ 形态完整是衡量面点外形的一个重要方面，也是熟制中的重要内容。保持形态完整不变是蒸制法的显著特点，在蒸制中自生坯摆屉后，制品就不再移动，直至成熟下屉，有助于成品保持完整形态
馅心鲜嫩	◎ 在蒸制过程中，由于面点中的馅心，不直接接触热量，并且是在较高温度和饱和温度下成熟的，所以馅心卤汁较多而不易挥发。这样不但能保持鲜嫩，而且也容易使内外成熟一致

3. 蒸制的基本步骤

（1）蒸锅加水

锅内加水量应以八分满为宜。过满，水热沸腾，冲击浸湿笼屉，影响制品质量；过少，产生气体不足，易使制品产生干瘪变形、色泽暗淡等现象。另外，在每次蒸制前，都要检查水量，加足水量后再进行蒸制。

（2）生坯摆屉

根据制品的不同特点在笼屉上垫上屉布、纸、菜叶或在笼屉的表面刷一层油，将生坯按一定的间距整齐地摆入屉内。

（3）上屉蒸制

生坯摆放整齐后，一般需要待水烧沸产生蒸汽后，再将笼屉置于蒸锅上，将笼屉盖盖严，并根据制品的不同性质控制火力的大小。

（4）蒸前饧放

蒸制的面点品种，有的在上屉前需饧放一段时间。特别是酵母膨松面坯等多数品种，成型后饧放一段时间，可使蒸制品具有更富弹性的膨松组织。需要注意的是，饧面的温度、湿度和时间，直接影响制品的质量。饧面温度过低，蒸制后胀发性差，体积不大；饧面温度过高，生坯的内部气孔过大，组织粗糙。饧面湿度小，生坯的表面易干裂；湿度大，表面易结水，蒸制后产生斑点，影响成品质量。饧面时间过短，起不到饧面的作用；过长又会使制品软塌。所以饧面时，应保持一定的温度和湿度，并注意饧面的

（5）成熟下屉

蒸制时间要根据品种类型、有无馅心等灵活掌握。

制品成熟后要及时下屉。制品是否成熟，除正确掌握蒸制时间外，还可进行制品检验，如馒头看着膨胀，按着无黏感，一按就膨胀起来，并有熟面香味，即是成熟；反之，膨胀不大，手按发黏，凹下不起，又无熟食香味，即未成熟。另外，下屉时还可揭开屉布

洒些冷水，以防屉布粘皮。拾出的制品要保持表皮光亮，造型美观，摆放整齐，不可乱压乱挤。有馅制品要防止掉底漏汤。

4.蒸制工艺注意事项

蒸制工艺注意事项见表10-2。

表 10-2　蒸制工艺注意事项

注意事项	主要内容
蒸锅内水量要适当	◎ 水量少，产气不足；水太满，沸腾时会外溢，这两种情况都会影响成品质量
掌握好成熟数量	◎ 成熟数量是指一次蒸制坯料的数量。如一次成熟数量太多，蒸锅蒸汽热量与压力不足，将严重影响成品质量
掌握蒸制时间	◎ 由于蒸制对象不同，蒸制时间的长短也不相同，应区别对待
勤换水	◎ 连续蒸制时，应经常换水，保证锅内水质清洁

"蒸食一口汽"这句行业俗语道出了蒸制的关键。也就是说，用蒸汽加热，要用大火急汽一次蒸好。制品的质量与蒸锅的温度和湿度有直接的关系。温度高，湿度适宜则制品膨松柔软，洁白光亮；反之，制品则干瘪软塌、暗淡灰白。但也有些制品需用中火、小火，或先旺后中，先中后小等。如带馅制品，一直用旺火易造成皮裂馅漏的现象。另外，蒸制时还应注意笼盖必须盖紧并围一圈湿布防止漏汽，中途也不能开盖。总之，只有正确地掌握蒸制中的每一个环节，才能使制品达到质、色、味、形俱佳的质量标准。

二、煮

煮是把成型的面点生坯，投入沸水锅中，利用水受热产生温度使制品成熟的一种方法。其成熟原理与蒸制相同。煮主要用于水调面坯、米粉面坯制品的熟制，如面条、水饺、汤圆等。

1. 煮制品的特点

水煮的温度在 100 ℃或 100 ℃以下，成品具有成熟时间长、馅心鲜嫩、制品爽滑等特点（表 10-3）。

表 10-3　煮制品的特点

特点	概述
成熟时间长	◎ 煮制是靠水传热使制品成熟，正常气压下最高温度为 100 ℃。煮制时大部分时间达不到这个温度，所以是各种熟制法中温度最低的一种方法。水的导热能力不强，仅仅是靠对流的作用，因而制品受到高温影响较少，成熟较慢，加热时间较长
馅心鲜嫩	◎ 由于包馅制品是在较大的湿度下成熟的，所以在熟制过程中，制品的皮坯可吸收一些水分，使皮坯的吸水量基本接近饱和，这样皮坯吸收馅心中水分的机会就大大减少了，使馅心基本保持原有的水分，达到鲜嫩的特点
制品爽滑	◎ 制品在水中受热直接与大量水接触，淀粉颗粒在受热的同时，能充分吸水膨胀，因此，煮制的制品大都较结实，熟后重量增加

2. 操作方法

（1）沸水下锅

煮制品下锅，一般先要把水烧沸，然后才能把生坯下锅。淀粉和蛋白质在水温 65 ℃以上，才能吸收膨胀和热变性。所以，只有水沸下锅，才能使制品具备表面光亮、吃口有劲的特点。否则，制品发黏，表面失去光泽，吃口粘牙。

（2）掌握数量，依次下锅

生坯下锅时，不要堆在一起下，要随下随搅动，防止制品受热不均匀，造成相互粘连或粘锅底的现象。另外，生坯的数量也要恰当，不要过多，以保持锅中的温度，使水尽快沸腾。下锅后，盖上锅盖，沸后轻轻搅动，使制品受热均匀，防止粘连、粘锅底。

（3）保持水沸，及时点水

水面要自始至终保持开沸状态，但又不能大翻大滚。如果滚沸时，应适当加点冷水，这就是"点水"，可使锅中水面暂时平静，使制品不碎不破。在煮制过程中，要始终保持旺火沸水，直至制品成熟。

（4）灵活运用火力

由于可煮制的面点品种较多，在火力的运用上也有所不同。一般来说，制品刚下锅时，火力要旺，使锅中水尽快沸腾，开沸后应保持火力。

（5）检查制品的成熟质量

制品的成熟与否一般是看制品坯皮中是否带有"生茬"。如煮面条，掐断或咬断，在面条中心有"白点"的即未成熟，没有"白点"的即是成熟。另外，还可看制品表面的滑腻感强不强，过黏则不熟；煮水饺可检查是否有硬心；汤圆可检查有无弹性。还有许多面点品种，需要在实践中去学习体验。

3. 注意事项

表 10-4　煮制工艺注意事项

注意事项	主要内容
锅内水量要适当	◎ 煮锅内的水必须充足，一般要比生坯多出数倍
掌握好"点水"的次数和煮制的时间	◎ 点水次数和煮制时间要根据制品品种和生坯性质来掌握。一般来说，煮制一锅制品要点 2 ~ 3 次水，但也有些特殊制品，如馄饨、三鲜面条等下锅煮好后，就必须捞出，否则，时间一长就容易煮烂粘连。如遇到皮厚馅大的制品，如水饺、元宵等，不但煮的时间要长，而且还得多点几次水，才能使制品内外俱熟，皮透馅鲜。所以，按照制品的品种、性质确定煮制的时间是十分重要的
注意操作手法	◎ 生坯下锅时，如果煮制的是有馅品种，要边下生坯边用手勺轻轻沿锅边顺底推动水，使生坯不会互相粘连、漏馅；即使是无馅品种，也应轻轻搅动，避免粘连成坨。煮熟后的制品容易破裂，捞取成品时，动作要轻，要做到既快又准，以免碰破成品
保持锅内水量和清洁	◎ 连续煮制时，要不断加水。如水变得浑浊时，则要重新换水，以保持锅内水质清澈，使成品质量优良

4. 常见煮制品操作实例

扫码看视频

制作八宝粥

（1）制作准备

用具准备

炉具	蒸锅
笼屉	碗
手勺	电子秤
砂锅	淘米盆
刀	竹签

配方原料

糯米	100 g	发好的莲子	25 g
核桃仁	20 g	红枣	20 g
玉米	15 g	白扁豆	10 g
青梅	2 g	桂圆肉	10 g
瓜子仁	5 g	白果	10 g
果脯	15 g	桂花酱	5 g
红糖和白糖	各 25 g	水	1 500 g

（2）制作步骤

八宝粥的制作步骤如图 10-2 所示。

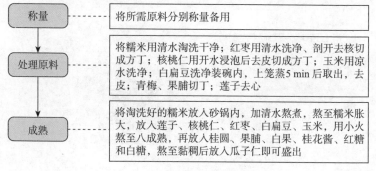

图 10-2　八宝粥的制作步骤

（3）成品特点

色泽绛紫，口感滑润，果料芳香。

三、煎

煎是将成型的生坯放入平锅内，利用油脂、铁锅或蒸汽的传热作用，使制品成熟的一种方法。

煎是一种用油量较少的熟制方法。操作方法一般是在锅底平抹一层薄薄的油。用油量的多少，根据制品的不同要求而定，有的品种需油量较多，但不能超过制品厚度的一半；有的还需加点水，使之产生蒸汽，然后盖上锅盖，连煎带焖，使制品成熟。根据不同品种的需要，煎主要分为油煎法和水油煎法两种。

1.油煎法

油煎法是利用油脂作为传热的辅助介质进行熟制的方法。操作时，将少量油脂加入平底锅，与锅体表面的热结合，形成较薄的油脂层，使生坯在受热锅体与油脂温度的双重作用下成熟。

油煎法制品从生到熟都不盖锅盖，制品紧贴锅底，既受锅底传热，又受油温传热，与火候关系很大。一般以中火、六成热的油温为宜，过高容易焦煳，过低则难以成熟。煎制带馅皮厚的制品时，油温可稍高一些，但不能超过七成热。

为保证制品质量，除掌握操作方法外，还应注意以下两个要点。

（1）将锅不断转动位置或移动制品位置，使之受热均匀，成熟一致。

（2）煎大量制品时，要从锅的四周开始放，最后放中间，防止出现焦煳、生熟不匀等现象。

2. 水油煎法

水油煎法是利用油和水两种传热辅助介质使生坯成熟的特殊熟制方法。操作时，先将少量油脂加入锅内，然后放入生坯，先煎底色，再放入水（或粉糊），盖上锅盖使生坯成熟。

水油煎的制品要受油温、锅底和蒸汽三种热的影响。因此，成品底部金黄、香脆，上部柔软、色白、油光鲜明，形成一种特殊风味。为全面掌握水油煎的方法，操作时还应注意以下几个方面。

（1）不断移动锅位，使制品成熟一致。

（2）每次洒水的数量不可过多，并要盖紧锅盖，防止蒸汽散失而影响制品质量。

（3）掌握好火候与油温。油的温度一般应保持在 160 ～ 180 ℃。

（4）制品成熟后，要听锅中是否有水炸声，若无水炸声，方可开锅。

（5）装盘上桌时，要将成品底面朝上，展示其金黄色泽。

3. 常见操作方法

煎制工艺常见操作方法见表 10-5。

表 10-5　煎制工艺常见操作方法

方法名称	主要内容
油煎法	◎ 平锅上火，将锅烧热后，加入油脂并使其均匀分布于锅底，再将生坯码放在平锅内。先加热熟制一面，再翻身熟制另一面，直至两面呈金黄色，内外熟透为止。在煎制过程中，不盖锅盖，这种煎法既受锅底传热，又受油温传热，所以掌握火候十分重要，一般六成热油温较为适宜

续表

方法名称	主要内容
水油煎法	◎ 平底锅上火，将锅烧热后，先刷一层油，再将生坯码放在平底锅内，用中火稍稍加热，洒上少量清水，盖上锅盖焖制。水油煎制品受油温、锅底和蒸汽三种方式传热，成熟后成品底部焦黄香脆，上部柔软色白，油光鲜明

4. 注意事项

煎制工艺注意事项见表 10-6。

表 10-6 煎制工艺注意事项

注意事项	主要内容
掌握火候与油温	◎ 煎是用少量油熟制的方法，油温升高较快，所以煎制时一般以中火为宜，油温一般应保持在 160～180 ℃。温度过高，易使成品焦煳；温度过低，煎制时间长，而且不易成熟
码放生坯要先码四周后码中间	◎ 炉灶一般是中间火力大，所以煎制大量生坯时，应先从四周码放，最后在中间码放。这样可以使制品受热均匀，防止出现焦嫩不匀的情况
随时转动锅体	◎ 为减少炉灶火力不均匀的影响，煎制时应不时地转动平底锅，或移动生坯位置，使生坯受热均匀

5. 常见煎制品操作实例

扫码看视频

制作水煎包

（1）制作准备

用具准备

电饼铛或平底锅	盆
平铲	油刷

配方原料

包子生坯	适量	植物油	适量
面粉	20 g	水	100 g

（2）制作步骤

水煎包的制作步骤如图 10-3 所示。

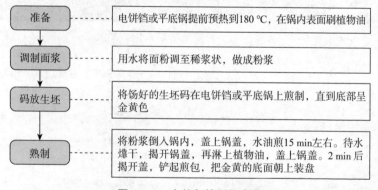

准备	⤍	电饼铛或平底锅提前预热到180 ℃，在锅内表面刷植物油
调制面浆	⤍	用水将面粉调至稀浆状，做成粉浆
码放生坯	⤍	将饧好的生坯码在电饼铛或平底锅上煎制，直到底部呈金黄色
熟制	⤍	将粉浆倒入锅内，盖上锅盖，水油煎15 min左右。待水㸆干，揭开锅盖，再淋上植物油，盖上锅盖。2 min后揭开盖，铲起煎包，把金黄的底面朝上装盘

图 10-3 水煎包的制作步骤

（3）成品特点

口感脆而不硬，外酥里鲜，底部色泽金黄。

· 小贴士 ·

※ 锅底要平整，否则面浆会有薄有厚，成熟度不一致。

※ 码放生坯时应先摆四周，后摆中间，否则水煎包底色难以一致。

※ 稀面浆不要加得太多，应加到制品高度的 2/5。

四、炸

炸是将成型的生坯投入油量较多的油锅中，利用油脂热传导的作用，使制品受热成熟的一种方法。

炸是一种应用比较广泛的熟制方法，适于炸的面点品种非常多，主要可用于油酥面坯、膨松面坯、米粉面坯及其他面坯制品，如酥盒、油条、麻花、排叉、麻团、炸糕等。根据炸制油温的不同，炸制品一般具有外酥里嫩、松发、膨胀、香脆的特点。但不同的面点制品对油温也有不同的需要，情况较为复杂。总体来说，面点炸制根据油温大致可分为温油炸制和热油炸制两大类。

1. 温油炸制

此法适用于口感酥脆或带馅的品种。以油酥制品为例，在炸制时，要将油烧至五成热左右，将制品下锅，在生坯将要成型时加大火力，提高油温，使生坯迅速定型。操作时一般不能用力搅动，可用筷子轻轻拨动或采用轻轻晃动油锅的方法，使生坯均匀受热，特别是对于花色制品，动作一定要轻，避免破坏造型。

2. 热油炸制

此法适用于能够迅速膨胀或需要保持水分的品种，如油条、油饼、排叉、炸三角、春卷等。油温一般要烧至七成热以上，将生坯下锅，迅速用工具翻动，使其受热均匀，待生坯膨胀成熟后迅速捞起。

采用热油成熟的制品色泽金黄、松发、膨胀，又香又脆。但如果油温不足，则会影响成品的色泽和口感，如油条、麻花等制品，若温油下锅，容易使制品出现色泽不金黄、口感软而不脆的现象。另外，在操作时要注意制品色泽的变化，避免出现焦烟现象。

3. 炸制工艺注意事项

炸制工艺注意事项见表 10-7。

表 10-7 炸制工艺注意事项

注意事项	主要内容
炸制时油量要充足	◎ 要使制品有充分的活动余地，必须充分加油，用油量一般是生坯的十几倍或几十倍
要注意保持油质的清洁	◎ 油质太差，既影响成品的色泽，也危害人体健康
要根据成品的特点控制油温和炸制时间	◎ 要灵活控制油温和炸制时间，如果油温过高，成品易上色，那么炸制时间应较短，成品才可形成外酥里嫩的质感；如果油温过低，那么炸制时间应稍长，成品质感才会松脆、酥香

4. 常见炸制品操作实例

扫码看视频

制作金丝馓子

（1）制作准备

用具准备

案板	面盆
盆	擀面杖
炉具	炸锅
粉筛	长竹筷
洁净湿布	盘

配方原料

面粉	200 g	花椒水	50 g
白糖	3 g	盐	4 g
甘草水	10 g	色拉油	10 g

（2）制作步骤

金丝馓子的制作步骤如图 10-4 所示。

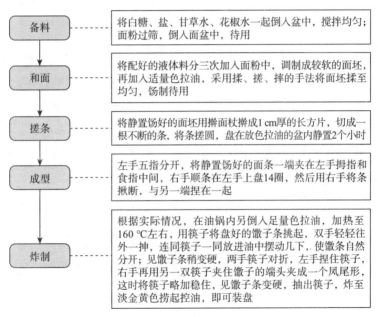

备料	将白糖、盐、甘草水、花椒水一起倒入盆中，搅拌均匀；面粉过筛，倒入面盆中，待用
和面	将配好的液体料分三次加入面粉中，调制成较软的面坯，再加入适量色拉油，采用揉、搓、摔的手法将面坯揉至均匀，饧制待用
搓条	将静置饧好的面坯用擀面杖擀成1 cm厚的长方片，切成一根不断的条，将条搓圆，盘在放色拉油的盆内静置2个小时
成型	左手五指分开，将静置饧好的面条一端夹在左手拇指和食指中间，右手顺条在左手上盘14圈，然后用手将条揪断，与另一端捏在一起
炸制	根据实际情况，在油锅内另倒入足量色拉油，加热至160 ℃左右，用筷子将盘好的馓子条挑起，双手轻轻往外一抻，连同筷子一同放进油中摆动几下，使馓条自然分开；见馓子条稍变硬，两手筷子对折，左手捏住筷子，右手再用另一双筷子夹住馓子的端头夹成一个凤尾形，这时将筷子略加稳住，见馓子条变硬，抽出筷子，炸至淡金黄色捞起控油，即可装盘

图 10-4　金丝馓子的制作步骤

（3）成品特点

色泽金黄，造型美观，条细均匀，口感酥脆，咸香可口。

小贴士

※ 调制的面坯宜软不宜硬，且要饧透。

※ 条搓得要粗细均匀。

※ 炸制时火力不宜太猛。

※ 在炸制时，趁尚未定型时将其扭成麻绳状。

五、烤

烤又称烘、炕，是一种将成型的面点生坯放入烤盘送入烤炉内，利用炉内的高温使其成熟的方法。烤分为明火烘烤和电热烘烤两种。

明火烘烤是利用煤或炭等燃烧产生的热能使生坯成熟的方法；电热烘烤是以电为能源，通过红外线辐射使生坯成熟的方法。经过烤制成熟的品种，因表面水分蒸发，成品失水较多，其熟品损失的重量一般占生坯重量的 4% ～ 24%。

烤制工艺的火候掌握比其他熟制方法要复杂。烤箱内上下左右的温度对成品质量均有重要影响。烤炉的火力，按大小分为旺火、中火、小火、微火；按部位分为底火、面火。同时，每种烤箱的体积、结构、火位不同，火力也不相同，致使烤箱内不同部位的温度也不一致。

1. 烤制的基本原理

烤主要用于制作各种膨松面坯、层酥面坯品种。烤制的成品一般表面呈金黄色，质地酥松，富有弹性，口感香酥，而这些特点的形成都是炉内高温的作用。

一般烤炉的炉温为 200 ～ 250 ℃，最高的可达 300 ℃。当制品生坯进入炉内就受到高温的包围烘烤，淀粉和蛋白质立即发生物理、化学变化。这种变化从两个方面表现出来：一方面是制品表面的变化。当制品表面受到高温后，所含水分迅速蒸发，淀粉变成糊精，并发生糖分的焦化，形成了光亮、金黄、韧脆的外表。另一方面是制品内部的变化。制品的内部因不直接接触高温，受高温影响较小。据测定，在制品表面受 250 ℃高温时，制品内部始终不超过 100 ℃，一般在 95 ℃左右，加上制品内部含有无数气泡，传热也慢，水分蒸发较少，还有淀粉糊化和蛋白质凝固发生水分再分配作用，形成了制品内部松软并有弹性的特点。

2.烤制的操作方法及关键

烤制的操作比较简单。其方法有的用烤盘入炉烤制，有的放入炉膛或贴在膛壁上烤制。前者因简便所以使用较多，做法是将烤盘擦干净，在盘底抹一层薄油，将生坯整齐地码入烤盘内（有时需要在烤盘底部刷上少量油），把炉温调节好，推入炉内，掌握成熟时间准时出炉。为了使制品熟透，有些厚、大制品，可以在烤制前或烤制中在制品上扎些眼再进行烤制。

检查制品是否成熟可用手轻按制品的表面，如能还原即表明已成熟。还可用竹筷插入制品，拔出后无黏糊状即表明已成熟。烤制成熟的制品，因其表面水分的蒸发，其重量较生坯有不同程度的减轻。

3.烤制工艺注意事项

烤制工艺注意事项见表 10-8。

表 10-8 烤制工艺注意事项

注意事项	主要内容
生坯码放应整齐，间隔要一致	◎ 生坯码放间隔很重要，如出现间隔不一致的情况，就会导致制品受热不均匀，色泽、成熟度难以保持一致

注意事项	主要内容
烤制温度应适当	◎ 含糖量较多、成品口感要求酥脆、体积较大的品种，炉温可低一些；发酵面坯、成品口感要求松软的，炉温可高一些
不要反复开关烤箱门	◎ 烤制时，应避免反复打开烤箱门，否则烤箱内的温度不能始终保持一致，同时烤箱门经常振动，也会影响成品的造型
掌握烤制时间	◎ 品种因质感不同和体积大小不同，烤制的时间也不同。薄、小的面坯，烤制时间较短；厚、大的面坯，烤制时间稍长。但无论时间是长还是短，其总体要求是必须成熟

4. 常见烤制品操作实例

扫码看视频

制作腰果酥

（1）制作准备

用具准备

案板	烤箱
烤盘	电子秤
刮刀	油刷
粉筛	盘

配方原料

面粉	500 g	白糖	250 g
黄油	250 g	鸡蛋液	100 g
小苏打	8 g（或者臭粉 4 g，或者泡打粉 12 g）	腰果	50 g

（2）制作步骤

腰果酥的制作步骤如图 10-5 所示。

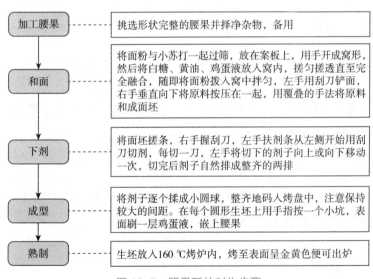

图 10-5　腰果酥的制作步骤

（3）成品特点

色泽明亮金黄，品质酥脆香甜，形态自然流散。

> ····**小贴士**····
>
> ※ 和面时使用叠的手法，不要揉搓过度，否则面坯会上劲渗油、
>   粘手。
> ※ 烤制时炉温不宜过高，否则面坯流散性差，成品不膨松。
> ※ 烤制时炉温不宜太低，否则面坯自然流散过度，使成品之间互
>   相粘连，破坏造型。
> ※ 鸡蛋液要全部均匀刷到位，否则成品表面色泽发暗，不明亮。

六、烙

烙是把成型的生坯摆放在平锅内，通过锅底传热，使制品成熟的方法。

烙是一种应用比较普遍的熟制法。由于热量主要来自锅底，且温度较高，烙制时，制品的两面反复接触锅底，直至成熟。成品具有皮面香脆，内里柔软，外呈金黄色，虎皮花斑状花纹的特点。烙制法所适应的范围主要有水调面坯、酵母膨松面坯、米粉面坯、粉浆等。如单饼、春饼、大饼、烧饼、煎饼等，根据不同的品种需要，烙主要分为干烙、刷油烙、加水烙三种。

1. 干烙

将成型的制品放入锅内，既不刷油也不洒水，利用锅底传热，使其成熟的方法。干烙的操作方法是：将锅烧热，放入制品，先烙一面，再烙另一面，直至成熟。

烙制品根据品种不同，火候要求也不相同。如薄饼类的单饼、春饼等，火力要旺，烙制也要快；中厚饼类的大饼、烧饼等，要求火力适中；较厚饼类的包馅、加糖面坯制品，要求火力稍小。

操作时，必须按不同要求，掌握火力大小、温度高低。同时还必须不断移动锅的位置和制品位置。烙的制品往往体积较大，锅在受热后，一般是中间部位温度高，边缘部位温度低。为使制品均匀受热，大多数制品在烙制到一定程度后，就要移动部位，使制品的边缘转到锅的中心。这样，制品就能全面均匀地受热成熟，不会出现中间焦煳、边缘夹生的现象。行业常说的烙饼要"三翻九转"，就是这个道理。

2.刷油烙

刷油烙的方法和要点均与干烙相同。只是在烙的过程中，或在锅底刷少许油，或在制品表面刷少许油。每翻动一次就刷一次，制品的成熟，主要靠锅底传热，油脂也起到一定作用，如家常饼等。在操作时，还要注意以下两点：第一，无论是锅底还是制品表面，刷油时一定要少（比油煎要少）。第二，刷油要均匀，并用清洁的熟油。

3.加水烙

加水烙是指用铁锅和蒸汽联合传热的熟制方法，做法和水油煎相似，风味也大致相同。但水油煎法是在油煎后，洒水焖熟，加水烙法是在干烙的基础上洒水焖熟。加水烙在洒水前的做法和干烙完全一样，但只烙一面，即把一面烙成焦黄色后，洒少许水，盖上锅盖，边烙制边蒸焖，直至制品成熟。

加水烙操作时，要掌握以下技巧：第一，洒水要洒在锅最热的地方，使之很快产生气体。第二，如一次洒水蒸焖不熟，就要再次洒水，一直到成熟为止。第三，每次洒水量要少，宁可多洒几次，也不要一次洒得太多，以避免制品烂糊。

4. 注意事项

将平锅烧热，生坯半成品放入平锅内，边加热，边将生坯两面适时翻动，直至面坯加热成熟，两面呈金黄色（表 10-9）。

表 10-9　烙制工艺注意事项

注意事项	主要内容
注意翻动面坯	◎ 面坯下锅后，应正面朝下，剂口朝上。加热到适当程度，翻过来正面朝上，剂口朝下。烙到一定程度，再次翻身，直至面坯成熟。所有烙的制品，都要经过翻转移动的过程
注意把握火候和温度	◎ 一般薄的面坯要求火力旺，厚的面坯要求火力小。操作时，必须按不同要求，掌握火力大小和温度高低

5. 常见烙制品操作实例

扫码看视频

制作荷叶饼

（1）制作准备

用具准备

案板	面盆
擀面杖	平锅
平铲	

配方原料

面粉	500 g	香油	50 g
热水	300 g		

（2）制作步骤

荷叶饼的制作步骤如图 10-6 所示。

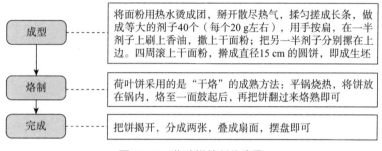

成型	将面粉用热水烫成团，掰开散尽热气，揉匀搓成长条，做成等大的剂子40个（每个20 g左右），用手按扁，在一半剂子上刷上香油，撒上干面粉；把另一半剂子分别摞在上边。四周滚上干面粉，擀成直径15 cm 的圆饼，即成生坯
烙制	荷叶饼采用的是"干烙"的成熟方法：平锅烧热，将饼放在锅内，烙至一面鼓起后，再把饼翻过来烙熟即可
完成	把饼揭开，分成两张，叠成扇面，摆盘即可

图 10-6　荷叶饼的制作步骤

（3）成品特点

口感软糯，筋道，味稍甜。

小贴士

※ 面坯烫后，散热气，稍洒点冷水后揉成团。

※ 面坯柔软一点，不仅能保证成型，还能使成品吃起来更软糯。

※ 两张饼之间的油量不要太多，只要能将其分开就行。

※ 擀制时要反、正面均擀，以防止大小不均匀。

※ 一般食用前烙出为好。